0~3岁 全方位指导新手妈咪育儿

新手妈咪 育儿宝典

乐妈咪孕育团队 编著

U0336603

甘肃科学技术出版社

图书在版编目（CIP）数据

新手妈咪育儿宝典/乐妈咪孕育团队编著. --兰州：
甘肃科学技术出版社, 2017.10
ISBN 978-7-5424-2448-8

Ⅰ. ①新… Ⅱ. ①乐… Ⅲ. ①婴幼儿—哺育—基本知
识 Ⅳ. ①TS976.31

中国版本图书馆CIP数据核字(2017)第236880号

新手妈咪育儿宝典
XINSHOU MAMI YUER BAODIAN

乐妈咪孕育团队　编著

出 版 人　王永生
责任编辑　毕　伟
封面设计　深圳市金版文化发展股份有限公司

出　版　甘肃科学技术出版社
社　址　兰州市读者大道568号　730030
网　址　www.gskejipress.com
电　话　0931-8773238（编辑部）　0931-8773237（发行部）
京东官方旗舰店　http://mall.jd.com/index-655807.btml

发　行　甘肃科学技术出版社　　印　刷　深圳市雅佳图印刷有限公司
开　本　889mm×1280mm　1/24　印　张　8　字　数　300 千字
版　次　2018年1月第1版　　　　印　次　2018年1月第1次印刷
印　数　1~6000
书　号　ISBN 978-7-5424-2448-8
定　价　35.00元

经过了孕期十月的种种不安与不适，日夜企盼的宝贝，终于来到世界上与爸妈相见了。看着宝宝像天使般纯净，这是一个多么令人感动的时刻。

紧接着感动而来的，是要如何给宝宝最好的照护呢？我们了解爸妈的心情，因此，编著了本书，为爸妈解析了从零岁到三岁所有需知的育儿细节。

在本书内，我们将零岁分为新生儿、一至三个月、四至六个月、七至九个月以及十至十二个月，并针对上述各时期宝宝的生长发育、饮食与营养以及照护做了详尽的解说，部分内容以问答形式呈现，一次解决爸妈所有疑惑。此外，我们更提供了精选的断乳食谱，并附上二维码，爸妈扫描后就可以边看视频边学做菜。

历经零岁时期，来到了宝宝的一岁、两岁和三岁时期，我们依据宝宝的生活，将内容分为生长发育、饮食、健康和教养四部分，使爸妈可以照顾到宝宝的每个生活细节。其中，我们更着重在教养方面的知识提供，因为从一岁开始，宝宝逐渐发展出自我意识，并在生活中开始有自我行动能力，此时是最佳的教养时机。从生活习惯的培养、语言与表达的学习、智力的训练到情感与社交的发展，我们为爸妈揭密宝宝的身体心灵成长足迹，让爸妈了解宝宝的每个动作和情绪，代表着什么样的意思，并通过对宝宝更深一层的了解，让爸妈在管教与相处上更加得心应手。

从零岁到三岁，不管在生理上或是心理上，宝宝都经历了巨大的变化，爸妈要因应这些变化，正确地调整照护及教养的步调，若是爸妈没有跟着宝宝的成长而改变养育的作法，将会对宝宝造成不好的影响。

在养育的过程中，爸妈难免会感到沮丧与挫折，但是，只要依照本书所给予的方法，对宝宝进行正确的照护及教养，宝宝将会拥有最舒适、最安心的幼儿生活。

目录
Contents

Part 6
一岁宝宝

Part 7
两岁宝宝

Part 8
三岁宝宝

Part 1
新生的喜悦

爸妈殷切期盼的小宝贝终于降临到世上了。
身为新手父母，爸妈不用紧张，
让我们一起来看看，如何照护娇嫩的新生儿。

新生儿的生长发育

刚诞生的宝宝是如此纯净又可爱，爸妈一定迫不及待想多了解这个小宝贝。接下来就带爸妈来看看，宝宝的生长发育情形吧！

新生儿定义

新生儿是指胎儿自娩出时开始至28天之前的婴儿。这时，新生儿的身长为50～53厘米，平均体重为3～3.3千克，平均头围达35厘米。在此期间，小儿脱离母体转而独立生存，所处的内外环境发生极大的变化，适应能力尚不完善。在生长发育和疾病方面具有非常明显的特殊性，且发病率高，死亡率也高，因此新生儿期被列为婴儿期中的一个特殊时期，需要对其进行特别的护理。

新生儿生长发育

1.头部

刚出生时，婴儿的头部占全身的1/3，但身长只有成年人的1/20，头部占全身比例较大。新生儿头顶上的5块头骨还未完全闭合，因此能触摸到囟门。囟门就是在宝宝头顶上一块没有头骨的柔软部位，该部位被厚厚的头皮覆盖着，因此不容易受伤。随着骨骼的成长，囟门会逐渐变小，1岁半左右时基本消失。

2.头发

大多数婴儿在妈妈肚内16周时，就已经开始长头发，因此在出生时就会带着一头长发。出生3个月后，头发会开始渐渐脱落，加上宝宝在此时大多保持躺卧的姿势，容易在跟枕头接触的部位出现更为明显的掉发症状，并会在头发全部脱落之后，在大约1周岁以后开始长出新头发。

↑ 新生儿时期，宝宝的头部占全身的1/3。

3.视觉

婴儿出生时对光就有反应，眼球呈无目的的运动；初生1～2周，就能看到周围的事物，甚至还能凝视妈妈的脸，但焦距只有20～25厘米，因此只能模糊地分辨人脸；4周后的新生儿可注视物体或灯光，并且目光随着物体移动。过强的光线对婴儿的眼睛及神经系统有不良影响，因此新生儿房间的灯光要柔和，不要过亮，光线也不要直射新生儿的眼睛。需要外出时，眼部应有遮挡物，以免受到阳光刺激；6～8周时，胎儿已能分辨明暗，遇到强光会闭眼。

4.嗅觉和味觉

新生儿的嗅觉比较发达，已能辨别出妈妈身上的气味儿，刺激性强的气味会使他皱鼻、不愉快。同时，新生儿的味觉也相当发达，能辨别出甜、苦、咸、酸等味道，因此，从新生儿时期起，喂养婴儿就要注意不要用果汁代替白开水，牛奶也不要加糖过多，甜味过重，应按5%～8%的比例加糖。否则如果每次喝水都加果汁或白糖，以后再喂他白开水，他就不喝了；如果吃惯了母乳再换牛奶，他会拒食。

↑ 不要以果汁取代白开水，否则会使宝宝习惯有甜味的饮食，而拒绝饮用白开水。

5.听觉

刚出生的婴儿，耳鼓腔内还充满着黏性液体，妨碍声音的传导，随着液体的吸收和中耳腔内空气的充满，其听觉的灵敏性逐渐增强。新生儿睡醒后，妈妈可用轻柔和蔼的语言和他说话，也可以放一些柔美的音乐给他听，但音量要小，因为新生儿的神经系统尚未发育完善，大的声响可使其四肢抖动或惊跳，因此新生儿的房间内应避免嘈杂的声音，保持安静。

6.触觉

新生儿的触觉很灵敏，妈妈应当多抱抱婴儿，使其更多地享受母亲的爱抚。此时轻轻触动宝宝的口唇便会出现吮吸动作，并转动头部。触其手心会立即紧紧握住，在哭闹时将其抱起会马上安静下来。

7.手指甲与脚趾甲

刚出生的婴儿有手指甲与脚趾甲，因此有些人感到很诧异，其实这是正常的现象。因为宝宝在妈妈肚内约第16周时，就开始形成指甲，并且在妈妈怀孕末期，指甲就已经发育完全了。

8.胸部

不管是男婴还是女婴，乳房都向外凸出，且会呈现肿胀的状态，有时甚至又出现硬块，或者流出乳汁。此时不能挤压胎儿的乳头，否则容易导致感染。过了头几周，就能恢复正常状态。

9.肚脐

婴儿出生后脐带要被剪断，且要捆扎脐带残留的部分。宝宝刚出生时，脐带就像透明的果冻一样柔软而湿润，但是很快就会干瘪，并在1～2周后自行脱落。在脐带脱落之前，禁止在浴盆里面洗澡，并且在洗完澡后要对脐带进行消毒，以避免细菌感染。

10.皮肤

足月新生儿皮肤会充满褶皱，晚产儿会出现更多的褶皱，而若是早产儿则会呈现较为光滑的皮肤，褶皱通常会在出生4周后，随体重的增长而消失。同时，婴儿全身会被一层白色黏稠的物质覆盖，称为胎儿皮脂，主要分布在脸部和手部。皮脂具有保护作用，可在几天内被皮肤吸收，但如果皮脂过多地聚积于皮肤褶皱处，应给予清洗，以防对皮肤产生刺激。新生儿皮肤的屏障功能较差，病原微生物易通过皮肤进入血液，而引起疾病，所以应加强皮肤的护理。

出生3～5天，胎脂去除干净后，可用温水给婴儿洗澡，但应选用无刺激性的香皂或专用洗澡液，洗完后必须用水完全冲去泡沫，并擦干皮肤。

11.肠胃

新生儿已能够适应较大量流质食物的消化吸收，因其消化道面积相对较大，肌层薄。但在出生2周内食管和胃的肌肉发育不全，尤其是胃的出口（幽门）比入口（贲门）肌肉发育好，导致新生儿喝奶后容易溢乳。此外，新生儿的小肠吸收能力较好，肠蠕动较强，排便次数也多。

12.泌尿

90%的新生儿在出生后24小时内会排尿，如新生儿超过48小时仍无尿，须找寻原因。出生几天的新生儿因吃得少，加上皮肤和呼吸可蒸发水分，每日仅排尿3～4次。这时，应该让新生儿多吮吸母乳，或多喂些水，尿量就会多起来。之后的新生儿在正常情况下每天排尿20次左右，尿液的颜色呈微黄色，一般不染尿布，容易洗净。但有时排出的尿会呈红褐色，稍混浊，这是因为尿中的尿酸盐结晶所致，2～3天后会消失。

另外，新生儿肾脏的浓缩功能相对不足，如果乳汁较浓，就可能导致新生儿血液中尿素氮含量增高，尿素氮是人体内有毒物质，对新生儿来说，危害更大。所以，以配方奶喂养的宝宝要特别注意奶液不要配制过浓。另外，母乳喂养的妈妈亦应注意适当减少自身盐的摄入量，因为新生儿肾脏功能还不成熟，排出钠的能力低。

⬆ 让刚出生的宝宝多喝母乳，可以帮助尿量增多。

13.排便

新生儿会在出生后的12小时之内，首次排出胎便，这是胎儿在子宫内形成的排泄物，颜色多为墨绿色。胎儿可排两三天的胎便，之后将逐渐过渡到正常新生儿大便。如果新生儿在出生后24小时内都没有排出胎便，就要及时看医生，以排除有肠道畸形的可能。

正常的新生儿在白天大便的次数是3～4次，且大便呈金黄色、黏稠、均匀、颗粒小、无特殊臭味。若喂母乳的婴儿消化的情况比较好，大便的次数较多。喝奶粉的宝宝大便比较容易变硬或便秘，因此最好在两次喂奶间加喂少许开水，可以减少便秘的概率。

14.呼吸

由于呼吸中枢发育不成熟，肋间肌较弱，且新生儿的呼吸运动主要依靠膈肌的上下升降来完成，使得新生儿呼吸运动比较浅，且呼吸节律不齐，每分钟约45次，并且在出生头两周呼吸频率波动会较大，每分钟约40次以上，个别可能达到每分钟80次，这是正常生理现象。尤其在睡眠时，呼吸的深度和节律呈不规则的周期性改变，甚至可出现呼吸暂停，同时伴有心率减慢，紧接着有呼吸次数增快、心率增快的情况发生，亦是正常现象。但当新生儿每分钟的呼吸次数超过了80次，或者少于20次时，爸妈就要注意了，应该及时带宝宝看医生。

15.体温

一般来说，新生儿在刚刚出生的时候体温在37.6～37.8℃之间，出生半小时到1小时之后体温就会下降2～3℃，以后再慢慢回升至正常，并且维持在37℃。新生儿的体温调节能力较差，因此当室温较高时，宝宝的体温也较易跟着升高，且呼吸会跟着加快，反之亦然。因此，家里温度最好保持在24～26℃，且随着气温变化为宝宝加减衣物。

新生儿体温超过40℃，可以引起惊厥发作，甚

至造成脑损伤，故爸爸妈妈要对宝宝的体温有即时性的敏锐度。欲判断新生儿是否发热，可以摸宝宝额头感受热度。如果要给新生儿测量准确的体温，方法主要有腋下测量、肛门内测量和口腔内测量3种。一般而言，宜采用腋下测量和肛门内测量。正常新生儿的肛温在36.2～37.8℃之间，腋下温度在36～37℃之间。新生儿肛温若超过37.8℃，或腋温超过37℃，即为发热。

16.血液循环

新生儿诞生的最初几天，由于新生儿动脉导管暂时没有关闭，血液流动时，宝宝的心脏可能会有杂音，这属于正常生理现象。同时，新生儿心率波动范围较大，在出生后24小时内，心率可能会在每分钟85～145次之间波动，生后一周内，可能会在每分钟100～180次之间波动；生后2～4周内，可能会在每分钟120～190次之间波动，这些也都是正常的。许多新手爸妈常常因为宝宝脉跳快慢不均而心急火燎，这是不了解新生儿心率特点造成的。

新生儿血液多集中于躯干，四肢血液较少，所以宝宝四肢容易发冷，血管末梢容易出现青紫，因此要注意为新生儿宝宝肢体保温。

17.睡眠

新生儿诞生初期睡眠大多不分昼夜，每天的睡眠时间可达20小时以上，晚期新生儿睡眠时间有所减少，每天在17小时左右。

国外有科学家研究指出，新生儿的睡眠可分3种状态。一种是安静睡眠状态，这时的婴儿脸部肌肉放松，双眼闭合，全身除了偶尔的惊跳及轻微的嘴巴颤动以外，几乎没有其他的活动，且呼吸均匀，处于完

全休息状态。第二种是活动睡眠状态，这时婴儿的双眼通常是闭合的，眼睑有时会颤动，经常可见眼球在眼睑下快速运动。手臂、腿和整个身体偶尔有些活动。脸上常有微笑、皱眉、噘嘴、作怪表情等。呼吸稍快且不规则。婴儿在睡醒前通常处于这种活动睡眠状态。

以上两种睡眠时间各占一半，第三种则是瞌睡状态，通常发生在入睡前或刚醒后，这时婴儿的双眼半睁半闭，眼睛闭合前眼球通常向上滚动，目光显得呆滞，反应变得迟钝，有时会有微笑、噘嘴、皱眉及轻度惊跳，婴儿处于这种睡眠状态时，要尽量保持安静的睡眠环境。

姿势方面，新生儿采取仰卧位睡姿最合适；俯卧睡姿则可促进大脑发育、锻炼胸式呼吸，还可使宝宝较不易胀气。但俯卧睡姿要在新生儿觉醒状态下，且有人看护时才可尝试，因为俯卧睡姿易造成宝宝窒息。另外，尽量不要采取侧卧睡姿，如果无人看护，侧卧睡姿很易转变成俯卧睡姿，易造成新生儿窒息。

18.姿势

刚出生的宝宝一天有16～20小时都在睡觉。在第1周，除了喝奶的时间，宝宝几乎都在睡觉，此时大部分婴儿都采取胎内的姿势睡觉。如果子宫内的位置异常，宝宝出生后也会以子宫内的姿势睡觉。

但是随着他不断地成长，睡觉的时间会逐渐减少，清醒状态下的新生儿总是双拳紧握，四肢屈曲，显出警觉的样子。新妈妈可以尝试一下，用手轻触宝宝身体的任何部位，宝宝反应都是一样的：四肢会突然由屈变直，并出现抖动。其实这不过是宝宝对刺激的正常反应，而非受到惊吓，不必紧张。

↑ 仰卧睡姿最适合新生儿。

↑ 抱宝宝要注意对其头、背、臀部的支撑。

需注意的是，新生儿颈、肩、胸、背部肌肉发育尚不完善，不足以支撑脊柱和头部，因此爸爸妈妈在抱宝宝时，千万注意不能竖着抱，必须用手把宝宝的头、背、臀部几点固定好，以免对新生儿脊柱造成损伤。

19.原始反射

新生儿的反射反应是指婴儿对某种刺激的反应，一般情况下，婴儿是从这些原始反射开始，逐渐发展成复杂、协调、有意识的反应，因此婴儿的任何反应都成为判断婴儿的神经和肌肉成熟度的宝贵资料。反射反应的种类达几十种，下面只介绍新生儿检查中常用的集中反射反应：

（1）握拳反射

研究结果显示，握拳反射与想抓住妈妈的欲望有密切的关系。一般情况下，婴儿能自由地调节握拳作用后，才能任意抓住东西。

如果轻轻地刺激婴儿的手掌，婴儿就会无意识地用力抓住对方的手指。如果拉动手指，婴儿的握力会愈来愈大，甚至能提起婴儿。脚趾的反应没有手指那样强烈，但是跟握拳反射一样，婴儿能缩紧所有的脚趾。

（2）迈步反射

在一周岁之前，婴儿都不能走路，但是出生后即具有迈步反射能力。让婴儿站立在平整的地面上，然后向前倾斜上身，这样就能做出迈步的动作。另外，如果用脚背接触书桌边缘，就能像上台阶一样向书桌上面迈步。此外，在悬空状态下，婴儿处于非常不安的状态，就会试图踩住脚底下的东西，因而做出迈步反射。

（3）觅食反射

觅食反射是饥饿时最容易出现的反射。如果轻轻地刺激婴儿嘴唇附近，婴儿就会自动向刺激方向扭头，然后伸出嘴唇。

（4）起身反射

抓住婴儿的双手，然后轻轻地拉起，婴儿就无意中做出用力起身的动作。

（5）摩罗反射

该反射是指婴儿保护自己的反射，即当婴儿受到某种刺激，或是突然失去支撑时，会呈现伸直双臂的状态，接着婴儿就像抱妈妈一样，会将手臂弯曲并往前抱胸，且将膝盖向胸部蜷曲，并常伴随哭闹声。

⬆ 宝宝在新生儿时期会出现各种不同的反射反应。

新生儿的饮食

刚出生的宝宝，到底是用母乳喂养好，还是用配方乳喂养好？喂养的方法和注意事项又有哪些呢？

新生儿饮食重点

在一般环境温度下，新生儿消耗的基础热量为每千克210千焦。为了补充维持基础代谢和生长发育的能量消耗，新生儿每餐共需摄入热量为每千克250.7～336.4千焦。

而在新生儿的营养来源方面，通常妈妈会选择哺喂母乳、婴儿奶粉或是两者混合，这三种方式各有优缺点，且针对身体状况不同的妈妈，所适合的喂养方式也不尽相同，以下为妈妈介绍三种喂养方式的详细内容。

母乳喂养

1.母乳喂养的方法

（1）喂养前的准备

在给宝宝喂养母乳前，为确保宝宝吃得健康又卫生，妈妈应做好一些准备，使哺乳过程更加顺利。

在哺乳前，妈妈最好选择吸汗且宽松的衣服，方便哺乳。另外，要准备一个稍矮的椅子，供妈妈哺乳时使用。妈妈在开始哺乳前须将双手洗净，并用浸过清水的毛巾，将乳头及乳晕擦拭干净，再开始进行哺乳。要注意用来擦拭乳房的毛巾与装水的水盆要清洗干净，或是使用专用的毛巾及水盆。另外，为防母乳过多，妈妈须准备吸奶器，在婴儿吃饱后，用吸奶器吸出剩余乳汁。此举不但有利于乳汁分泌，而且可降低妈妈患乳腺炎的概率。

（2）喂养的姿势

· 摇篮式：摇篮式是一种典型的哺乳姿势，妈妈用臂弯托住宝宝的头部，坐在有扶手的椅子或床上，妈妈若选择在床上，可以靠着枕头。把脚放在矮凳、咖啡桌或其他高些的平面上，以避免身体向宝宝倾斜。接着把宝宝放在大腿或大腿上的枕头上，让他可以侧面躺着，脸、腹部和膝盖都直接朝向妈妈，然后把宝宝的胳膊放到妈妈胳膊的下面。如果宝宝吮吸妈妈的右侧乳房，就把他的头放在妈妈右臂的臂弯里，把前臂和手伸到宝宝后背，并托住他的颈部、脊柱和臀部，让宝宝的膝盖顶在妈妈的身上或左胸下方。宝宝应该是水平的，或以很小的角度平躺着。

摇篮式最适合顺产的足月婴儿。有些妈妈认为摇篮式会使新生儿较不易找到乳头，所以妈妈可能更愿意等到宝宝出生一个月左右，颈部肌肉足够强壮之后，再开始采用这个姿势。若是剖宫产的妈妈，可能会觉得这种姿势对腹部造成的压力过大。

· 交叉式：交叉式也称作交叉摇篮式。它与摇篮式的不同之处在于：宝宝的头部不是靠在妈妈的臂弯上，而是靠在妈妈的前臂上。如果妈妈用右侧乳房喂奶，就用左手和左臂抱住宝宝，使宝宝的胸腹部朝向妈妈，并用手指托住宝宝头部后侧及耳朵下方，引导他找到乳头。

这种姿势较适合很小的宝宝和含乳头有困难的婴儿。

·侧卧式：这是一种侧躺在床上喂奶的姿势。妈妈可以请其他人在其身后放几个枕头作为支撑，也可以在头和肩膀下面垫个枕头，在弯曲的双膝之间再夹一个枕头，其目的是要使后背和臀部在一条直线上。

接着让宝宝面朝妈妈，妈妈要用身体下侧的胳膊搂住宝宝的头，把他抱近自己，或者也可以把身体下侧的胳膊枕在自己头下，以免碍事。而用身体上侧的胳膊扶着宝宝的头。如果宝宝还需要再高一些，离妈妈的乳房更近一点，可以用一个小枕头或叠起来的毯子把宝宝的头垫高。如果姿势正确，宝宝应该不费劲就能够到妈妈的乳房，妈妈也不需要弯着身子才能让宝宝吃到奶。

如果妈妈是剖宫产或生产时曾出现难产，坐着将感到较为不舒服，因此会更愿意采用侧卧式躺着喂养宝宝。

·橄榄球式：又称为侧抱式。就是把宝宝夹在胳膊下面，与哺乳的乳房同一侧的胳膊一起，就像夹着一个橄榄球或手提包一样。

首先，把宝宝放在体侧的胳膊下方，让宝宝面朝妈妈，鼻子到妈妈的乳头高度，宝宝双脚伸在妈妈的背后。接着，把妈妈的胳膊放在大腿上或身体一侧的枕头上，用手托起宝宝的肩、颈和头部。另一只手呈C形托住乳房引导他找到乳头，这时候他的下巴会首先碰到乳头。不过，要小心，不要太用力地把宝宝推向妈妈的胸部，他会因为抗拒而向后仰头，并顶着妈妈的手。妈妈要用前臂撑住宝宝的上背部。

橄榄球式适合乳房较大、乳头扁平的妈妈。此外，如果宝宝很小或含乳头比较困难，这种姿势也可以让妈妈帮他找到乳头。另一方面，剖宫产的妈妈会比较喜欢橄榄球式，因为可以避免宝宝压到其腹部。

（3）喂养的步骤

下列4个简单步骤可以让新妈妈们掌握哺乳的步骤：
·开始先把乳头放在宝宝的上嘴唇和鼻子之间，然后用乳头轻触宝宝的上嘴唇，刺激他把嘴张大。
·等宝宝张开嘴寻找乳房时，把他抱近乳房。注意不要反过来让妈妈的乳房去靠近他的嘴巴。
·确保宝宝嘴巴含住一大口乳晕，最好是乳晕下面的部分多含一些，上面的部分少含一些，而不要上下均等。
·宝宝的嘴唇应该在乳晕周围张得大大的。宝宝含乳头的最佳效果是，妈妈们不觉得疼，且宝宝也能吃到母乳。听吞咽的声音可以分辨宝宝有没有真的喝到母乳。当宝宝满足地喝奶时，妈妈要把他抱紧。有可能妈妈还需要把乳房托住，特别是当妈妈的乳房比较大的时候。

（4）喂养的时间长度

在喂奶初期，母乳会较容易出现不充足的情况，而且婴儿也还未熟练喝奶，因此授乳时间很难固定。此时期妈妈可以依照"按需喂养"的原则喂奶，只要婴儿想吃母乳，妈妈就给予足够的量。宝宝若有饥饿的表现，如啼哭，或表现得更警觉、更活跃、小嘴不停地张合，四处寻找乳头时，就应该喂奶。这是尊重婴儿食欲的授乳方法，也可以说是最自然的方法。但在这段时间，妈妈会比较辛苦，因为不固定的喂奶时间也会对妈妈的日常生活及睡眠造成影响。

但妈妈不用担心，因为新生儿只有在出生1~2周内，喝奶的次数比较多。到了3~4周之后，宝宝喝奶的次数会明显减少，每天有7~8次，很多时候整个后半夜都在睡觉，可以维持5~6个小时不喝奶。

妈妈不用担心的另一个原因是：随着时间的推进，不久后宝宝就会自然形成规律的喝奶时间。到出生第2个月后，婴儿昼夜的节奏大都已经确立，白天的睡眠时间会减少许多，妈妈若能在此时期形成晚上就寝前喂饱母乳的习惯，就不需要半夜起来授乳了。不过，所有习惯都是在不强迫及不影响宝宝生活作息的前提之下而形成。如果因为想要创造规律，硬把孩子从睡眠中叫醒，或是让宝宝在不饥饿的情况下喝奶，效果绝对适得其反。因此，不管在什么情形下，喝奶的时间和次数都应按照宝宝的需求而进行，每个宝宝的情况都不太一样，随着慢慢喂养，妈妈自然会掌握一套喂食规律。

↑ 喂奶初期，妈妈须按照宝宝的需求进行喂养。

（5）喂养的6个小诀窍

· 坐得舒服：在喂养母乳的过程中，维持舒适的姿势对妈妈来说非常重要。首先要选择一张舒适的、有扶手的椅子，再用枕头支撑好妈妈的后背和胳膊，因为椅子，尤其是沙发，有时候并不能提供足够的支撑让妈妈舒服地喂奶，所以得靠枕头的帮助。妈妈还可在脚下垫几个枕头，以免身体向宝宝倾斜，也可以把脚放在脚凳或咖啡桌等较低矮的台面上。接着，在大腿上放个枕头或叠起来的毯子，使妈妈避免弯腰。最后，无论妈妈采用哪个姿势喂奶，都要把宝宝抱向自己的乳房，而不是用乳房去贴近宝宝。

· 自我放松：在进行哺乳前，妈妈放松身心对哺乳来说非常重要。妈妈可先做几次深呼吸，闭上眼，冥想一些宁静的画面，并在手边放一大杯水、牛奶或果汁，准备在喂奶的时候饮用，因为足够的水分能帮助妈妈分泌更多的乳汁，避免出现乳汁不足的情况。

· 托好乳房：妈妈在喂奶的时候，可以用空着的那只手以C形（4个手指托在乳房下面，大约在时钟9点钟的位置，大拇指在上面3点钟的位置）或V形（把乳房托在分开的食指和中指之间）托住乳房。因为在母乳喂养期间，妈妈的乳房会变得更大、更沉重，托好乳房可以让宝宝更顺利地含住乳头。注意，在进行此动作时，手指应距离乳头和乳晕至少5厘米，以免宝宝咬到妈妈的手指。

· 固定宝宝：让宝宝以固定且安全舒适的姿势喝奶，有助于过程更愉快且顺利地进行。妈妈可以用胳膊与手加上枕头或叠起来的毯子来支撑宝宝的头、颈、背和臀部，让它们保持在同一直线上。妈妈也可以把宝宝包裹起来，或把他的双臂轻轻固定在身体两侧，如此一来，就能更轻松地给宝宝喂奶了。

· 变换姿势：找到最舒服且最适合的喂奶姿势，是妈妈在开始喂奶后的一大挑战。而尝试不同的喂奶姿势，有助于妈妈找到最舒服的姿势。另外，不同的喂奶姿势有助于避免乳头同一部位长期承受压力。因此，经常有规律地变换喂奶姿势，可以帮助妈妈远离乳头疼痛感，也可帮助避免乳管阻塞。除了变换姿势之外，每次喂奶轮流用不同的乳房喂养，也会使妈妈的奶量大大增加。

· 正确地让宝宝停止喝奶：通常当宝宝吃完一个或两个乳房里的奶时，感觉到已经吃饱了，宝宝会主动把嘴从妈妈的乳头松开。但如果妈妈认为宝宝已经吃饱了，或者出于某些原因需要停止喂奶时，妈妈可以把手指轻轻伸进宝宝的嘴角里，当宝宝的嘴发出一声轻轻的"啪"后，就表明他已经停止喝奶了。此方法也适用于妈妈要改变抱宝宝的姿势，或想让宝宝吸吮另一个乳房时。

2.喂养的6个问与答

（1）妈妈在哺乳期间的健康饮食原则

在哺乳期间，坚持健康的饮食对妈妈和宝宝的健康皆大有益处。关于此时期的健康饮食原则，妈妈有五点要注意：

· 均衡饮食

营养的摄入不均虽然不会影响到宝宝，但会对妈妈的身体带来不良的影响。为了妈妈的身体状态，以及保证妈妈有足够的精力照顾宝宝，哺乳期间一定要注意饮食的均衡，必须摄入充足的维生素和其他营养物质，多吃全麦及谷类食物、新鲜的蔬菜水果，以及富含蛋白质、钙和铁的食物。

· 缓慢节食

经历十月的怀孕期，许多妈妈都很担心身材走样，因此急欲在生产后马上开始进行以减肥为目标的节食及运动。在哺乳期间，妈妈是可以节食的，健康的低脂饮食，再加上适度的运动，可以帮助妈妈逐渐降低体重。但妈妈绝对要控制节食的强度，不能过于激烈地节食。

除了缓慢地节食，体重亦不能过于快速地下降，否则那些储存于脂肪中的毒素会被释放出来，进入血液循环，进而提高乳汁中污染物的含量，最终对

↑ 哺乳期间，妈妈要维持健康饮食。

宝宝造成伤害。妈妈在最初6周，每周减重0.5~1千克最为理想，若每周降低的体重超过1千克，就代表妈妈体重下降得太快，需要多补充一些热量了。长期且健康的减肥计划才不会对妈妈的身体造成负面影响，因此建议妈妈可制订一个一年减肥计划，用大约一年的时间来恢复到怀孕前的体重，对妈妈来说才是正确且不伤身的减肥速率。

· 多喝水

在母乳喂养期间，为确保体内水分充足，妈妈一天至少要喝2000毫升的水量。因为哺乳期间，妈妈的身体会流失很多水分，虽然这并不会影响乳汁的分泌，不过为了维持妈妈的身体机能完整及健康，建议妈妈只要渴了就喝水。但注意不要喝含咖啡因的饮料，因为这反而会让妈妈脱水。

· 补充铁质

在生产之后，许多妈妈都以为自己不需要再像孕期那样补充铁质了，但事实上，很多健康指导专家

都建议妈妈在哺乳期间继续补充丰富的铁质，尤其如果血液检查结果显示妈妈的体内铁含量偏低。除了建议从食物中摄取丰富铁质外，医生可能也会为妈妈推荐铁质补充剂。

⬆ 食用肝脏可帮助妈妈维持充足的铁质摄入。

· 拒绝咖啡因

在生产前，咖啡因对妈妈和胎儿来说，就已经是必须避免的物质了，到了生产后的哺乳期，咖啡因对妈妈来说依然是不受欢迎的，因为在此时所摄入的咖啡因会进到妈妈的血液以及乳汁里，使宝宝喝到含有咖啡因的母乳。不过，咖啡因对宝宝的影响要视咖啡因的摄入量而定，如果妈妈一天摄入的咖啡因超过400毫克，就有可能会伤害宝宝。经过换算，妈妈一天不能饮用多于2~3杯的咖啡、茶或是可乐，若是多于规定量，可能就会使妈妈或宝宝变得急躁、神经质、不安或失眠。因此，妈妈必须在哺乳期控制咖啡因的摄入量，如果在此时想喝咖啡或茶，要同时达到每天2000毫升的饮用水量。另外，如果摄取咖啡因让妈妈或宝宝感到不舒服，妈妈就必须暂时戒掉，等断奶后再摄入咖啡因。

（2）妈妈感冒后能哺乳吗？

许多妈妈会担心，如果自己得到了感冒，继续哺乳的话，会不会把病毒经由母乳传染给宝宝，让宝宝也一起跟着生病？

没错，感冒的妈妈身体中的病毒的确会经由母乳传给宝宝，不过一般来说，在妈妈发现疾病之前，宝宝多半就已经接触到妈妈身上的病毒了。此时许多妈妈都会选择停止哺乳，但这是不对的做法，因为从母乳中获得病毒后，若妈妈继续进行哺乳，可以将妈妈体内对感冒所产生的抗体，再经由母乳传送给宝宝，如此一来，宝宝体内就存有可以抗御疾病的抗体了，同时亦可以增强自身的抗病能力。当然，如果妈妈生病的情况比较严重，则需要视具体情况咨询医生意见。

另外，妈妈也不要因为感冒，而把母乳挤到奶瓶中，再喂给宝宝。因为如果使用吸奶器、奶瓶等物品，宝宝接触病毒和细菌的机会可能会比让他直接喝妈妈的乳汁更大。

妈妈在感冒时所要做的防护措施有以下两点：第一，戴上口罩，以防病毒通过口沫传染给宝宝，且无论何时，都不要直接对着宝宝打喷嚏；第二，在接触宝宝或是宝宝的用品之前，一定要先把手洗干净。

最后，如果妈妈打算吃感冒药来治疗感冒，绝对不能自己服用成药，因为很多处方和非处方感冒药，包括中药在内，都会通过母乳影响宝宝。故妈妈必须至诊所或医院，告知医生自己正处于哺乳期，再遵照医嘱服用经医生核准，不会对宝宝造成影响的药物。

（3）宝宝为什么会厌奶？

宝宝厌奶是指宝宝还没有断奶，但却拒绝吃母乳的情况。这种情况可能发生在母乳喂养的习惯建立之前，也可能发生在建立之后。最有可能引起宝宝厌奶的原因有如下几点：

- 宝宝没有正确地含住妈妈的乳头，因此不能充分并有效地吮吸乳汁。
- 在给宝宝喂奶的过程中，周围总是有让宝宝分心的事情或声音，或者经常打断宝宝喝奶。
- 在宝宝想要喝奶的时候，妈妈没有及时喂他，总是让他哭闹不止。
- 妈妈因为宝宝咬乳头而发出叫喊，宝宝听到后就不愿意再喝奶。
- 宝宝因感冒或鼻塞，喝奶时呼吸困难。
- 宝宝由于出牙或感染等引起嘴部疼痛而厌奶。
- 宝宝耳朵被感染，喝奶时耳朵里产生压力或疼痛。
- 宝宝的日常生活发生了重大改变，比如搬家。
- 宝宝与妈妈长时间分离，有些认生。

（4）宝宝厌奶怎么办？

　　首先，妈妈要先分辨出宝宝是厌奶还是断奶。有些人一看到宝宝厌奶就认为是他自己想要断奶了。然而，对于之前一直吃母乳很顺利的1岁以下宝宝来说，还不太可能有能力可以马上断奶。所以，妈妈此时还是要坚持，解决宝宝厌奶的问题。只要有耐心，厌奶的症状是可以被解决的。

　　以下几种方法有助于解决宝宝厌奶的问题：

- 在宝宝的厌奶期中，采用定时但少量的喂养方式，可以让宝宝慢慢形成喝奶的规律，进而帮助宝宝脱离厌奶期。
- 通过提高宝宝活动量来消耗宝宝的体能，让宝宝更容易感到饥饿，自然就会想要进食。
- 很多醒着时厌奶的宝宝，在有睡意的时候反而会喝奶。因此妈妈可以试着在宝宝睡着了或很困时再喂奶。

- 6~9个月大的宝宝经常会出现厌奶的情况，这个阶段的宝宝很容易分散注意力，因为他们对周遭有极大的好奇心。因此为了不让宝宝在喝奶时分心，妈妈可尝试把灯光调暗，并远离电视等容易分散注意力的物品，让宝宝专心喝奶。
- 妈妈也可尝试不同的喂奶姿势，如边喂奶边走来走去、边喂奶边摇晃着宝宝等，不同的喂奶姿势可使宝宝产生新鲜感，进而对喝奶较有兴趣。
- 带宝宝去医院检查，以排除疾病因素引起的厌奶。

（5）勿让宝宝喝着母乳入睡

　　让宝宝喝着母乳入睡看起来似乎没有什么伤害，但这种习惯却可能导致宝宝养成不良的睡眠习惯，并进而影响妈妈的睡眠。

　　首先，妈妈需要了解，几乎所有宝宝晚上都要醒来很多次，尤其是喝母乳的宝宝，因为母乳比配方奶更容易消化，所以喝母乳的宝宝比吃配方奶的宝宝在夜里饿得更快，也醒得更频繁，并需要更久的时间来养成睡整夜觉的习惯。

　　如果妈妈总是让宝宝喝着母乳入睡，宝宝不需要花太长时间就会把喝母乳和睡觉连结起来。在习惯此种入睡方式几个星期之后，他就会抗拒使用其他入睡方式了。如此一来，宝宝在夜里频繁地醒来时，每次都需要喝母乳才能再次入睡，将会严重影响妈妈的睡眠品质。

（6）双胞胎的喂养方法

　　在刚开始进行喂养时，最好同时给双胞胎两人进行哺乳，如此可以刺激乳汁分泌。进行哺乳前，妈妈可以准备垫子或是枕头，对于摆好哺乳姿势很有用。例如，妈妈可以让宝宝对着自己，用垫子垫在宝宝的背部，或者将宝宝分别放在妈妈的两个肘弯处，脚交叉放在妈妈的肚子上，此时垫子可以将妈妈围住，并且支撑妈妈的肘关节。另外，垫子还可以帮助

如何不让宝宝喝着母乳睡觉？

如果宝宝已经把喝母乳与睡觉连结在一起，妈妈还是可以通过一些方法来改变宝宝的睡眠习惯。例如，晚上早点给他喂奶；在宝宝入睡前，讲一个故事、唱一首歌，或者帮宝宝换最后一次尿布。像这样将喂奶和入睡的行为分离开来，即使是一些简单的小动作，并且只需要几分钟时间，就可以逐渐改变宝宝喝母乳入睡的习惯。一旦宝宝习惯在该睡觉的时候自己入睡，很快地，他就能在半夜醒来时也靠自己重新入睡了。

妈妈转换姿势。

此外，每次喂母乳时交换使用乳房，对妈妈也有益处，特别是如果有其中一个宝宝比较能吃的话。两个宝宝规律地交换乳房，有助于两边乳房均衡泌乳，并减少乳管阻塞的可能。让宝宝轮流使用乳房，也能帮助他们的眼睛得到平等的锻炼和刺激。

如果双胞胎是早产儿，且有其中一个宝宝要在医院多待一些时间的话，妈妈可以在用一个乳房喂奶的同时，把另一个乳房的奶挤出来，以便保证乳汁分泌正常。

3.母乳喂养的优点

母乳完整地具备了帮助婴儿抵御疾病的免疫物质，因其含有维持婴儿发育与健康的必要成分，且全部都是以最适当的浓度存在。因此，虽然在我们的生活周遭充斥着大量的婴儿食品，但母乳才是以婴儿最容易接受的形式，将营养适量地提供给婴儿的食物。

除了在营养方面对婴儿有极大益处，母乳喂养也可促进宝宝的情感发展。医学报告指出，授乳与哺乳的过程在母子之间的情感交流中，扮演着相当关键性的角色。经过40周左右在母体内安稳成长的日子，满身皱纹的婴儿在出生后6～12个小时，在母亲的怀抱里，一心一意吸着乳房开始喝奶。同时，母亲经由肌肤感受婴儿一心一意吸吮母乳的力量时，也会自然而然涌现不可遏止的母爱。通过此种亲密的授乳过程，母子之间因皮肤接触而萌生的情感，对于婴儿和成人都会带来良好的影响。

母乳展现了如此珍贵的价值，使得希望用母乳喂养自己孩子的母亲有不断增加的趋势，就连将孩子寄放在托儿所的职业妇女也不例外。她们将母乳挤出再进行冷冻保存，即所谓的"冷冻母乳"。在卫生条件良好的状况下挤出并进行冷冻保存的母乳，能保持其营养价值和免疫性，只要确保新鲜及卫生，就能喂

⬆ 母乳喂养可增进母婴感情。

给婴儿。此种兼具卫生、营养及方便性的"冷冻母乳"开始在职业妇女之间广泛流行起来。

4.母乳喂养的缺点

　　具有许多优点的母乳，也并非全无缺点。若母乳中的维生素K含量不足，将使得新生儿较容易患有某些出血性疾病，导致患有出血性疾病的新生婴儿中，喝母乳的幼儿比例多于喝奶粉的幼儿比例。为避免此种情形出现，孕妇在怀孕期间必须多摄取含丰富维生素K的食物，如绿叶蔬菜、白菜、胡萝卜、海藻、豆类等，或者等宝宝出生后，让其服用维生素K。

　　另外，母亲服用的药物，大多数都会转移到乳汁中，虽然不同的种类和剂量对宝宝形成不同程度的差异，但多少都会产生影响。故妈妈若有使用药物的纪录，最好接受医师的指示再决定是否持续喂母乳。此外，酒精和烟也会转移到乳汁中。最后，环境污染也可能对母体造成影响，进而污染母乳，对宝宝的神经及大脑发育产生不良的影响，因此妈妈要尽量避免环境因素的污染。

↑ 抽烟会对使不良物质转移到乳汁内。

5.哪些人不适合进行母乳喂养？

（1）哪些妈妈不适合进行母乳喂养？

· 患慢性病，且需长期用药的妈妈不宜母乳喂养，因为药物可进入乳汁，对宝宝不利。

· 患严重心脏病和心功能衰竭的妈妈不宜母乳喂养，以免病情恶化，危及生命。

· 患有以下疾病的妈妈不宜母乳喂养：如产后抑郁症、乳头疾病、严重的产后并发症、红斑狼疮、恶性肿瘤、严重肾脏疾病、肾功能不全以及严重精神病等。

· 处于细菌或病毒急性感染期的妈妈不宜母乳喂养，以免致病的细菌或病毒通过乳汁传给宝宝。

· 正在进行放射性碘治疗的妈妈不宜母乳喂养，因为碘可以进入乳汁，对宝宝甲状腺的功能造成损伤。

（2）哪些宝宝不适合喝母乳？

· 如果宝宝患有母乳性黄疸，应该暂停喂养母乳，等48小时之后再进行喂养。

· 患有乳糖不耐症的宝宝不宜喝母乳，因患此病的宝宝体内缺乏乳糖酶，导致乳糖不能被消化吸收，若吃了母乳或牛奶后易出现腹泻。

· 氨基酸代谢异常的宝宝不宜喝母乳，因氨基酸的代谢会影响神经系统的发育，尤其是宝宝的智力发育。另外，氨基酸代谢异常还会引起多种疾病，比较常见的就是苯丙酮尿症。

配方奶喂养

　　当妈妈因为母乳量不足，或是其他原因而不得不放弃母乳喂养时，普遍的妈妈就必须转而选择"配方奶"，也就是俗称的婴儿奶粉。配方奶的原料包括乳牛或是其他动物的乳汁，与适当添加的营养素。大多配方奶都会强调是最接近母乳的配方，也就是说，配方奶就是妈妈没有办法提供母乳时，可选择的与母乳最接近的营养了。

那母乳与配方奶的成分有什么差别呢？与母乳相比较，配方奶中的蛋白质含量较少，且调整了酪蛋白和清蛋白的比例；并用植物油替代一部分的脂肪，且脂肪酸较不完整；另外，整体而言矿物质减少，但又增加了不足的铁、铜、锌，并且调整了钙和磷的比例，以及钠与钙的比例；且另外补充了维生素。

以上是大多数配方奶针对基础营养所做的调整。除此之外，目前市面上更有针对不同需求所贩售的奶粉，例如为过敏儿宝宝所调制的水解蛋白奶粉；为乳糖不耐症的宝宝所调制的无乳糖奶粉，或是为早产儿所配制的专用奶粉，这些都是为了更贴近宝宝的需求。因此，妈妈在选购配方奶之前，必须先对宝宝的健康状况了若指掌，再依宝宝需求选择最适合的配方奶。

最后，千万不要因母乳不足而放弃母乳喂养。世界卫生组织建议母亲需持续以母乳喂养宝宝至少6个月以上，再开始使用配方奶。因此在宝宝出生6个月之内，若妈妈真的无法提供足够的母乳，可以优先选择以母乳和配方奶进行混合喂养。

1.喂养的原则

配方奶喂养的频率及判断宝宝是否吃饱的方式与母乳喂养的宝宝基本一致。就连喂养原则，配方奶喂养也与母乳喂养一样，遵从"按需喂养"的原则。第一次喂奶可以先冲30毫升左右，如果宝宝能吃完，第二次就可以冲50~60毫升。到宝宝满月后，食量会增加到每顿90~110毫升，一天将需要500~900毫升的配方奶。

2.喂养的方法

（1）舒适的环境和正确的姿势

给宝宝喂奶时，一定要找一个安静、舒适的地方，避免宝宝在喝奶时分心，进而影响到喝奶的效果。另外，宝宝喝奶的姿势很重要，绝对不要将宝宝水平放置，这样容易让宝宝呛到。妈妈应该让宝宝呈半坐姿势，如此才能保证宝宝的呼吸和吞咽安全，也不会呛着宝宝。

（2）温度要适宜

在喂奶前，爸妈必须检查一下奶的温度，以免烫着宝宝。配方奶的温度应以50~60℃为宜。

（3）检查奶的流速

喂奶前要提前检查好奶的流速，以免洞口过大，或流速过快导致宝宝噎到。适宜的流速应该是在瓶口向下时，牛奶能以连续的水滴状流出。

（4）让少许空气进入奶瓶

喂奶前应该要把奶瓶的盖子稍微松开一点，以便空气进入瓶内，以补充吸出奶后的空间。否则奶瓶瓶内容易形成负压，而使瓶子变成扁形，让宝宝的吸吮变得非常费力。如果喂到一半奶瓶形成扁形，可以在宝宝嘴里转动一下奶瓶，让空气进入瓶内。

（5）刺激宝宝吸吮奶嘴

在喂奶的时候，可以轻轻地触碰宝宝靠近妈妈一侧的脸颊，刺激宝宝的吸吮反射。当宝宝把头转向你的时候，顺势把奶嘴送入宝宝的嘴里。也可以在奶嘴上滴一滴奶，去接触宝宝的嘴唇，以促使他张嘴。

（6）喂奶时的小技巧

妈妈在喂奶时要倾斜着拿奶瓶，使奶嘴里充满奶而不是空气。

另外，如果宝宝在喝奶的时候睡着了，可以轻轻转动一下奶嘴，宝宝就会继续吸吮了。在出生后一个月里，宝宝有很长时间都在睡眠中度过，因此比较可能出现边睡边喝奶的情况。

⬆ 喂配方奶时要倾斜奶瓶。

（7）喂奶时注重交流

喂奶的时候，妈妈尽量不要只是静静地坐着，要亲切注视着宝宝的眼睛和表情，可以对着宝宝说说话、唱唱歌，或是发出一些能令宝宝感到舒服和高兴的声音，同时要保持亲切的微笑。

（8）喝完奶后立即拿开奶瓶

当宝宝喝完奶后，妈妈要轻缓且及时地移去奶瓶，以防宝宝吸入空气。如果宝宝不让你拿走奶瓶，你可以用小指沿着奶嘴放到宝宝嘴巴里，这样宝宝就会放开奶嘴。

（9）帮宝宝拍嗝

拍嗝的目的在于帮助宝宝将胃中的气体排出。出生六个月内的宝宝，因为其生理构造，导致喝完奶后较容易出现胀气的状况。因此，在吃完奶后，妈妈可以轻拍宝宝的背部，促使宝宝打一打嗝。

混合喂养

在母乳喂养时，由于乳汁分泌不足、重返工作岗位等原因，无法坚持纯母乳喂养，此时除了完全使用配方奶喂养外，妈妈也可以选择混合喂养的方式，即使用配方奶及母乳来哺育宝宝。

妈妈要注意，混合喂养的意思，不是把两种奶混在一起给宝宝喝，若是这么做的话，会引起宝宝消化不良以及肠胃不适。在进行新生儿的混合喂养时，一餐只可以喂一种奶，如果喝母乳，这餐就只喝母乳；如果喝配方奶，这餐就只喝配方奶。

此外，我们建议，混合喂养仍须以母乳为主，毕竟母乳对宝宝来说，还是最天然且营养的食物。因此妈妈要充分利用有限的母乳，让宝宝多吃母乳。

另外，要均匀分配母乳和配方奶喂养的频率，不要很长一段时间不使用母乳或是配方奶，否则会导致宝宝需要重新适应。

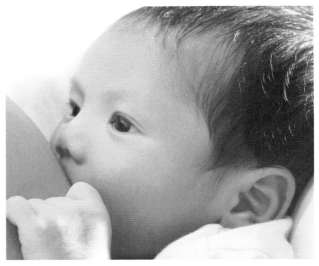

⬆ 母乳与奶粉结合的喂养方式。

新生儿的日常照护

从日常用品的准备到照护宝宝的每个细节，这里通通帮爸妈掌握！

新生儿日常用品

1.衣物

新生儿使用的衣物会因宝宝的状况和爸妈的习惯而相异，以下列出的是宝宝的基本必需品：衣服3套和围兜6个以上。

准备衣服时，有一些注意事项。第一，因为宝宝成长速度很快，因此购买婴儿衣服时，最好准备稍微大一点的衣服，让宝宝成长到第六个月都还能穿得下。但也不需要为宝宝准备过大的衣服，否则宝宝就会被埋在衣服里面；第二，材质而言，棉质会比毛料好，因为毛料会刺激婴儿的皮肤；第三，最好选择便于穿戴的衣服，如前扣式的衣服；第四，在幼儿期，如果头部暴露在外面容易着凉，因此天凉外出时尽量帮宝宝戴上帽子。

2.尿布

尿布是新生儿和小婴儿必备的日常用品，因此新生宝宝尿布的选择不可忽视。选用对的尿布，不但让爸妈更加方便，也使宝宝生活更舒适，并可防止尿布疹的产生。选择尿布，要根据以下的原则：

（1）吸湿能力强、不外漏

爸爸妈妈可以用以下方法自行测试哪一种尿布吸收能力强：首先，向不同品牌的尿布里面倒入等量

的水，待水吸收后，再将一张干的纸巾轻轻地放在上面，如果是吸湿能力强的尿布，就能够快速地吸收大量水分，因此纸巾上不会留有浮水印。吸湿能力好的尿布不仅能够吸收大量水分，而且可以迅速牢牢地锁住水分避免外漏。一般来说，最好是选择有四层结构的尿布，因为这种尿布上多加了一层吸水纤维纸，可以充分吸水，有效减少渗漏。

（2）透气性能好、不闷热

尿布的透气性情况是无法用肉眼分辨的，这需要妈妈除了在选购时对不同品牌的尿布多做比较外，还特别需要多观察宝宝使用后的情况。一般来说，大品牌的尿布都是经过严格的多方测试的，所以选择这些尿布会较有保障。

（3）表层干爽、触感舒服、具有护肤保护层

尿布与宝宝皮肤接触的面积是很大的，且接触时间长，因此所选择的尿布应具有轻薄、清爽、柔软、材质触感好的特质。另外，尿布疹的成因主要是尿中的刺激性物质直接接触到肌肤，为了解决此问题，目前市面上有些尿布中添加了护肤成分，能够在宝宝的屁股上形成保护层，抵抗外界刺激，并有效减少皮肤摩擦，既可让宝宝更加舒适，又可以防止宝宝得尿布疹。

（4）尺码合适、品质优良

尿布的腰围要紧贴在宝宝的腰部，此外还要检查

大腿和尿布接触处的松紧程度，如果太紧的话就表示尺码过小；如果未全贴在大腿的话，则表示尺码过大。

市面上贩售的尿布品牌众多，价格也高低不等，为了保证宝宝的健康，建议妈妈们不要一味地贪图便宜，必须选择有品质保证、评价较高的知名品牌尿布。

3.餐具

为新生儿准备的餐具需包括：200毫升以上容量的奶瓶2个，100毫升的喝水用奶瓶1个，水杯2个，小保温瓶1个，小汤匙2个。

餐具所接触的食物会直接进到宝宝肚子里，因此，新生儿的餐具必须要选择确认对婴儿健康无害的商品。若选用塑胶材质的餐具，应确保没有特殊异味；若选择不锈钢材质的餐具，使用前必须确保制造过程中所涂抹上去的黑油已经去除。另外，为了引起婴儿的兴趣，爸妈可以选择外型较为可爱、颜色鲜艳的餐具。

4.床上物品

爸妈要为宝宝准备的床上物品有床单3条以上，棉被6条（冬、夏季各2条，春、秋季节共2条），毛毯2条。

高矮不同的床垫有不同的用途。如果使用高床垫，可便于爸妈看护婴儿；如果使用低床垫，能防止婴儿爬出床外，较为安全。

另外，大部分婴儿不需要枕头，因为他们不喜欢使用枕头。因此在布置婴儿床时，只要有高度适中的床垫，以及足够的毯子、棉被就可以了。

5.沐浴用品

婴儿会使用到的沐浴用品包括婴儿浴缸、无刺激性的婴儿香皂、沐浴乳、洗发乳、毛巾以及婴儿用护肤霜。另外，为了维持水温在适当的温度，爸妈应该准备水温计。

6.婴儿车和其他携带婴儿的用品

任何携带婴儿的用品，都必须以轻便、坚固和便利性为主要考量因素。轻便可以使爸妈在携带婴儿车时，能更加无负担；坚固性则可以确保宝宝的安全；便利性如婴儿车所附带的袋子或篮子，可让爸妈更方便地将婴儿生活用品集中放置。另外，大部分婴儿车都配有安全带，为了宝宝的安全着想，爸妈不应购买没有安全带的婴儿车。且为宝宝准备的婴儿车也应配有遮阳的装置，以免宝宝在炎热的夏季被晒伤。

此外，在选购婴儿携带物品时，爸妈亦必须考虑到自身的生活模式，以选择适合的商品。例如，若婴儿经常随父母坐车，则最好使用折叠式婴儿车，且必须在汽车上安装宝宝安全座椅，让爸妈能放心地带宝宝出游。

另外，在外出时，也可以使用方便的婴儿背带，让爸妈在抱宝宝时能够更加省力。婴儿背带也可以在家中哄宝宝睡觉时使用。

7.婴儿用品储藏柜

为维持婴儿用品的干净，以及便于集中管理，爸妈可以为宝宝特地准备一个单独放置尿布、衣服、棉被以及沐浴用品等婴儿用品的箱子或篮子。

新生儿生活照护

对妈妈来说，照顾小宝宝是一件非常辛苦的事情，不但要注意到生活中的每个小细节，就连突发状况都要有能力谨慎地面对及处理。因此我们帮妈妈汇整了许多宝宝的照护小知识，让妈妈在照顾宝宝时，能更加地得心应手，提供给宝宝最完整的呵护。

1.轻柔对待囟门

囟门是指前后颅骨的交接处，是头骨还未闭合所形成的，通常在头顶呈现为一个菱形，为人体生长过程中的正常现象。婴儿头顶有2个囟门，位于头前部的叫前囟门，于1~1.5岁时闭合；位于头后部的叫后囟门，于生后2~4个月自然闭合。由于皮下血管跳动，使爸妈在用手触摸前囟门时，有时候会感受到如脉搏一样的搏动感。

囟门被视为判断宝宝是否生病的指标，医生可以从囟门关闭时间以及突出或凹陷的情形来大致分辨宝宝的健康状况。若囟门凹陷，则宝宝可能有脑血液循环方面的问题；若囟门鼓起，宝宝可能患有脑膜炎、颅内出血；若囟门过早关闭，则意味宝宝可能有头颅发育畸形的问题；若囟门过晚关闭，代表宝宝可能有染色体异常或是甲状腺功能不全的问题。

很多人把新生儿囟门列为禁区，不摸不碰也不洗，但其实清洗对囟门来说是必要的，因为新生儿出生后，皮脂腺的分泌加上脱落的头皮屑，常在前后囟门部位形成结痂，若不及时洗掉反而会影响皮肤的新陈代谢，引发脂溢性皮炎，对新生儿健康不利。正确对待囟门的方式，是要经常地清洗，清洗的动作要轻柔，不可用手搔抓或用力压。另外，要保证清洗用具和水的卫生，水温和室温都要适宜。平常则禁止按压、碰撞或用尖锐物品触碰囟门，以防破皮出血或感染。

2.不宜为宝宝刮眉

坊间有许多育儿的传统，刮眉毛就是其中一种。习俗认为刮眉毛可以让宝宝的眉毛将来长得更为浓密，但我们并不建议这样做，因为眉毛的主要功能是保护眼睛，防止尘埃、雨水及汗水进入眼睛，如果刮掉眉毛，短时间内会对眼睛形成威胁。其次，若在刮眉毛时，稍有不慎而伤及新生儿的皮肤，简直得不偿失。加上新生儿抵抗力弱，如果受伤部位没有得到及时处理，很容易导致伤口感染溃烂，并使周围的毛囊遭到破坏，以后就再也长不出眉毛了。再者，如果眉毛根部受到损伤，再次生长时，就会改变生长的形态与位置，可能会影响到外观的整体性。

3.宝宝的眼睛护理

新生儿的眼部要保持清洁，因此在每次洗脸前应先将眼睛部分擦洗干净。宝宝的眼睛在平常也容易出现分泌物，因此妈妈要注意及时将分泌物擦拭干净，如果分泌物过多，可依医生指示滴眼药水进行护理。在给宝宝滴眼药水时，首先，爸妈要确定给宝宝滴的眼药水是小儿专用的眼药水；其次，爸爸妈妈要根据说明中的规定次数和用量来滴；同时，还要注意滴眼药水的技巧。在给宝宝滴眼药水之前，要先用沾水的棉花棒，将宝宝的眼屎清理干净。接着，在滴眼药水时，先把棉花棒平行地横放在宝宝上眼睑接近眼睫毛的地方，轻轻地平行着上推宝宝的上眼皮，即可顺利地将宝宝的眼睑扒开，然后向其眼里滴入一滴眼药水。注意，动作一定要轻柔迅速。滴完后要用棉花轻轻擦去流出的部分，保持宝宝脸部的干燥洁净。

4.宝宝的鼻腔护理

爸妈会发现，和成人相比起来，宝宝很容易出现鼻塞的情况。其实是因为宝宝鼻腔构造尚未发展成熟所导致的，此时宝宝的鼻腔还非常狭窄，鼻道较短，且鼻腔黏膜较为敏感，因此当受到刺激时，很容易形成鼻塞。

故爸爸妈妈要随时注意做好宝宝的鼻腔护理，如果发现宝宝有鼻涕的话，可以用柔软的毛巾或纱布沾湿，将边角卷成细细一条后，再轻轻放入宝宝的鼻道，接着向反方向慢慢边转动边向外抽出，把鼻涕带出鼻道；如果是因鼻腔分泌物造成的阻塞，可以用棉花棒将分泌物轻轻地拨出来。注意拨出的动作要轻，不要损伤宝宝的鼻黏膜，以免引起鼻出血。如果分泌物比较干燥的话，可先在分泌物周围涂些凡士林，使其变得较为湿润后，会更容易拨出；如果宝宝是由于感冒导致鼻黏膜水肿而引起的鼻塞，可以用湿毛巾热敷宝宝的鼻根部，就可以有效缓解鼻塞；如果看到宝宝鼻子里有鼻痂时，可以先用手指轻轻揉挤两侧鼻翼，等到鼻痂稍为松脱后，再用干净的棉花棒拨出来。如果鼻痂不容易松脱的话，可以先向鼻腔里滴一滴生理盐水或凉开水，等到鼻痂变得润湿以后，就会比较容易松脱。

5.宝宝的口腔护理

新生儿刚出生时，口腔里常带有一定的分泌物，这是正常现象，无须擦去。妈妈可以定时给新生儿喂一点白开水，就可清洁口腔中的分泌物，但尽量不要用纱布擦拭口腔；若牙齿边缘出现灰白色小隆起或两颊部的脂肪垫，都属于正常现象，不要去挑弄。如果口腔内有脏东西时，可用消毒棉花进行擦拭，但动作要轻柔，因为新生儿的口腔黏膜较为脆弱，任何过于用力的动作都可能造成损伤，因此爸妈要小心。

6.宝宝的指甲护理

新生儿的指甲长得非常快，为了防止新生儿抓伤自己或他人，应及时为宝宝修剪，一个星期大约要

修剪2~3次。修剪宝宝指甲的小诀窍有以下几种：第一，修剪时一定要牢牢抓住宝宝的手，并沿着指甲的自然线条进行修剪，爸妈可以用小指甲压着新生儿手指肉，会更容易修剪；第二，剪指甲时要剪成圆形，不留尖角，保证指甲边缘光滑；第三，不要剪得过深，以免伤到皮肤或肉；第四，若真的不小心伤到皮肤，可以先用干净的棉花棒擦去血渍，再涂上消毒药水；第五，在洗澡之后，宝宝的指甲跟平常比会变得比较软，爸妈可以趁这时候修剪指甲。

7.宝宝的脐带护理

在新生儿出生后，爸妈必须每天密切观察脐部的情况，并仔细护理，因为脐部的清洁对宝宝来说非常重要，若是处理不当，可能导致脐部发生感染或是发炎。

在对脐部的照护中，又以对脐带的护理最为重要。通常在出生后10~12天，宝宝的脐带就会自行脱落。在脱落之前，维持脐带的清洁和干燥是最为主要的任务。清洁方面，包扎脐带的纱布要保持干净；在洗完澡后，爸妈要帮宝宝用棉花棒沾酒精对脐带和脐部进行消毒；另外，在脐带即将脱落之际，会随之在脐部出现少许的分泌物，要定时清理；且要注意观察包扎脐带的纱布有无渗血现象，若渗血较多，应将脐带扎紧一些。在干燥方面，保持脐带干燥可以帮助脐带更快脱落，因此如果包扎的纱布湿了，要及时换新的；此外，先前所提到的酒精消毒，对脐带亦具有干燥作用。

在脐带脱落后，爸妈则需专注于脐部的护理。此时就可以给婴儿洗盆浴，但在洗澡后必须擦干婴儿身上的水分，并用酒精擦拭肚脐，保持脐部清洁和干燥。

出现在脐部根部的结痂须待其自然脱落。若出

现肉芽肿的话，代表脐带可能脱落不完整，或是脐部有发炎现象而形成的，此时爸妈就要找医生对脐肉芽肿进行电烧的医疗处理。而若脐带根部发红、湿润出水，或是脱落以后伤口不愈合，通常是脐部发炎的初期症状。若宝宝出现肚脐发炎的症状，必须要就医。要避免肚脐发炎，爸妈必须做好清洁工作，且要防止宝宝去抠抓肚脐。

8.宝宝的皮肤护理

对宝宝不同的身体部位，要采取不一样的皮肤护理方式。如针对宝宝的脸部皮肤，妈妈平时应多用柔软湿润的毛巾，替新生儿擦净面颊，因为新生儿经常吐口水及吐奶，导致脸上常有脏污；在秋冬季时，应该为宝宝涂抹润肤乳，增强肌肤抵抗力，并防止肌肤红肿或龟裂。

对于身体和四肢的皮肤，因为身体的出汗量在夏天较大，因此妈妈在宝宝汗量大时要做好清洁工作，并在洗澡完后擦干宝宝身体，然后在宝宝身上涂抹爽身粉，防止起疹子。此外，给宝宝更换衣服时，若发现有薄而软的小皮屑脱落，这是皮肤干燥引起的，可于洗澡后在皮肤上涂一些润肤乳，防止宝宝皮肤干裂。

而若是针对臀部的皮肤护理，妈妈则要注意及时更换尿布，且在更换时，可用婴儿专用湿纸巾来清理臀部上所残留的尿渍和排泄物，接着再涂上宝宝专用的护臀乳液。

宝宝刚生下来时皮肤结构尚未发育完全，因此妈妈在照料时一定要细心护理，才能避免对宝宝的皮肤造成伤害。

9.宝宝的生殖器护理

男婴包皮往往较长，很可能会包住龟头，内侧由于经常排尿而湿度较大，容易藏污纳垢，同时也可能会形成一种白色的物质，称为包皮垢，其具有致癌作用。因此，在为宝宝清洗生殖器时，需要特别注意对此处的清洗。清洗时动作要轻柔，将包皮往上轻推，露出尿道外口，用棉花棒沾清水，绕着龟头做环形擦洗。擦洗干净后再将包皮恢复原状。另外，也要针对男宝宝的会阴进行仔细地清洗，会阴指阴囊与肛门之间的部位，在此部位也会积聚一些残留的尿液或是肛门排泄物，因此必须用沾清水的棉花棒擦洗干净。

在为女婴清洗生殖器时，则要将其阴唇分开，用沾清水的棉花棒，由上至下轻轻擦洗。不管是男婴还是女婴，在清洗新生婴儿生殖器时，绝对忌用含药物成分的液体或是皂类，以免引起外伤、刺激和过敏反应。

10.小心使用尿布

尿布的使用看似简单，但其中却有许多小技巧以及该注意的事项，以下为爸妈提醒该留心的一些小细节：

（1）尿布品质很重要

爸妈要选择品质好、品质合格、大小合适的尿布，并注意使用方法要正确，否则可能引起尿布疹。

（2）尿布松紧度适中

如果让宝宝的小屁股一直处于尿布过紧的包裹之下，可能会影响到宝宝的正常生长发育，甚至会造成尿道感染、肛门瘘管等疾病。因此，爸爸妈妈在为宝宝穿尿布时，一定注意不要包得太紧。

（3）经常更换尿布

爸妈要经常为宝宝更换尿布，如此才能保持臀部的洁净和干爽，以预防尿布疹。刚出生的宝宝皮肤极为娇嫩，如果长期浸泡在尿液中或透气性较差的尿布中，并造成臀部潮湿的话，就会出现红色的小疹子、发痒肿块或是皮肤变得比较粗糙，这就是常说的尿布疹。

（4）清洁宝宝臀部

每次换尿布时，必须彻底清洗宝宝的臀部。洗完后要用材质柔软的毛巾沾湿后拧干，再为宝宝的臀部做最后清洁，记住，不需要来回地擦，否则容易使皮肤受伤。

（5）尿布疹的应对方法

如果宝宝出现尿布疹的话，可以让宝宝光着小屁股睡觉，以防尿布继续对屁股产生摩擦，但要特别注意为宝宝做好保暖工作，且如此一来宝宝会发生尿床情形，因此爸妈可以在床单下垫一块塑胶，以保护床垫不被尿湿。

（6）腹泻也要预防尿布疹

如果宝宝腹泻的话，除了要治疗腹泻外，还要每天在臀部涂上防止尿布疹的药膏。

11.抱宝宝的方法

初为父母者面对宝宝，有时可能感到无所适从，因为父母既想亲近新生儿，却又怕姿势不当弄伤了新生儿。父母抱宝宝的正确姿势应该是：以一手托住头的颈部，另一只手托住臀部。可让新生儿侧卧于自己的胸腹前，也可将新生儿以直立的姿势抱于怀中。不过最好还是采用侧抱的方式。要注意的是，新生儿肌肉力量弱，不足以支撑头和躯体，所以一定要托住新生儿的头部。另外，宜经常变换姿势，不要总是侧向一边，这样会不利于新生儿骨骼的发展。

12.正确包好新生儿

把新生儿用毛毯层层包裹住，可以在天气较冷时为宝宝提供温暖。传统习俗也认为，将宝宝包裹住会让宝宝较有安全感，且较不会哭闹。不过任何的包裹方式对宝宝来说都是适当的吗？其实不尽然，像很多爸妈喜欢把婴儿严严实实地包起来，为了不让毛毯滑落，外面可能还用带子将新生儿捆起来，以这样的方式包裹，会让爸妈很方便抱宝宝，但是对新生儿来说却有害无益，因为新生儿在出生后，四肢仍处于外展屈曲的状态，而此种包裹方式，会影响皮肤散热，且容易引起汗液及粪便的污染，形成皮肤感染。另外，这样子将宝宝紧实地包起来，会强行将新生儿下肢拉直，妨碍其活动。

Tips

包紧紧可防止"O型腿"吗？

很多人以为将伸直的下肢包起来，再紧实地绑上带子，可以防止"O型腿"的发生，但实际上"O型腿"出现的原因是体内缺乏维生素D和钙，因此这么做不但无法预防"O型腿"，相反地，还会引起新生儿髋关节脱位。故爸妈用毯子包裹宝宝时，应以保暖舒适、宽松舒适为原则，并且让宝宝的四肢可以自由活动。

新生儿的生理现象与疾病

父母必须清楚了解新生儿的生理现象与可能发生的疾病，才能做出正确的相应处理，并确保新生儿的健康成长。

新生儿生理现象

1.脱发

有些新生儿在出生后几个月内，原本浓密黑亮的头发，逐渐变得绵细、色淡且稀疏。甚至有极少数的新生儿出现突发性脱发，在一夜之间头发几乎掉光。目前医学对新生儿生理性脱发还没有确切的解释，不过爸妈不用担心，因为新生儿生理性脱发大多数会逐渐复原成正常的样子。

2.脸部表情怪异

新生儿会出现一些让妈妈难以理解的怪表情，如皱眉、咧嘴、咂嘴、屈鼻等，会让爸妈以为宝宝出了什么问题。其实这是新生儿的正常表情，与疾病无关，但是若宝宝长时间重复出现一种表情动作时，就应该及时看医生了，以排除抽搐的可能。

3.鼻塞、打喷嚏

新生儿会较容易出现鼻塞和打喷嚏的情形，但爸妈不要这样就以为宝宝感冒了。新生儿的鼻塞是源自于鼻黏膜的发达、毛细血管的扩张，加上鼻道的狭窄，导致当鼻中出现分泌物时，容易出现鼻塞的症状。而新生儿洗澡或者换尿布时，受凉就会打喷嚏，这是身体的自我保护。爸妈面对以上症状不用紧张，但必须学会为宝宝清理鼻道，让宝宝在鼻塞时可以好受一点。

4.口腔出现白色点点

大多数婴儿在出生后4~6周时，口腔上腭中线两侧和齿龈边缘出现一些黄白色的小点，很像是长出来的牙齿，但其实这些点点是由上皮细胞脱落后堆积而成的，是正常的生理现象，而非疾病。这种白色小点俗称"马牙"或"板牙"，医学上叫做上皮珠。大多数的上皮珠在出生后的数月内会逐渐脱落，不影响婴儿喝奶和乳牙的发育。但有的婴儿因营养不良，上皮珠不会马上脱落，不过并不会造成什么严重的影响，因此不需要进行医治。

5.打嗝

持续地打嗝代表新生儿在喝奶的过程中出现了某些问题，使得宝宝感到不适。要有效地解决新生儿打嗝，妈妈可尝试用中指弹击宝宝足底，令宝宝开始啼哭，当哭声停止后，打嗝也就随之停止了。如果没有停止，可以重复上述方法数次。

6.乳腺增大

由于母亲怀孕后期，体内的激素及催产素会经过胎盘传递到婴儿体内，导致新生儿出生后体内的雌激素发生改变，使得新生儿会在出生后3~5天出现乳腺增大，有的新生儿还会分泌淡黄色乳汁。乳腺增大的情形一般在持续1～2周后会自行消失，这属于一种生理现象，爸妈待其自行消退即可。

7.皮肤红斑

出现在新生儿身上的红斑通常形状不一、大小不等，颜色通常为鲜红，且分布全身，尤其以头、脸和身体为主。红斑会造成新生儿的不适感，部分新生儿出现红斑时，还伴有脱皮现象。

新生儿出生头几天，就可能出现皮肤红斑，但是一般几天后即可消失，很少超过一周未消失的。新生儿红斑对健康没有任何威胁，不用处理通常会自行消退。

8.皮肤青紫

新生儿皮肤出现青紫的颜色，通常有3种可能：第一种是生产时婴儿受到局部压迫，导致新生儿在出生后，皮肤出现局部性的青紫。一般情况下，这种青紫可渐渐消失。第二种是新生儿血红细胞增多症。如果新生儿出现皮肤青紫，并且这种青紫是成斑点状的蓝红色，分布不均，持续2个星期左右就渐渐消失，那么，很大程度上是得了新生儿红血球增多症。这种新生儿红血球增多症与生产时较晚切断新生儿的脐带，而使得过多的胎盘血流入新生儿体内有关。第三种是婴儿受冻。假如爸妈没有为婴儿做好保暖，婴儿的局部皮肤在受冻后，小动脉会收缩，皮肤亦会出现青紫，但这种青紫在保暖后可很快消失。

9.脱皮

爸妈可能会突然发现，好好的宝宝，怎么在一夜之间，其稚嫩的皮肤开始裂开，紧接着开始脱皮。其实在新生儿出生2周左右，可能会出现脱皮现象，

这是新生儿皮肤的新陈代谢，旧的上皮细胞脱落，新的上皮细胞生成，是正常现象。

10.体重下降

新生儿出生后的几天，因睡眠时间长、吸吮力弱、喝奶时间和次数少、肺和皮肤蒸发大量水分，且大小便排泄量相对较多，再加上妈妈开始时乳汁分泌量少，所以在出生的头几天，新生儿的体重会有所减轻，大约会减少出生时体重的5%～10%，不过从第7天开始，体重就会回升。如果体重减轻的现象过于严重，或持续减轻，就说明婴儿没有吃饱，或者生病了，应该到医院找出导致体重减轻的原因。

若体重减轻是因婴儿食欲降低，进食量减少，则妈妈可尝试在喂母乳的时候，减少喂乳量，就能刺激婴儿的食欲，而且能刺激母乳的分泌。

11.假月经

由于孕妇生产后，雌激素进入胎儿体内，会使胎儿的阴道及子宫内膜增生，而当出生后雌激素的影响中断，就会致使增生的上皮及子宫内膜发生脱落，导致部分女婴在出生后5～7天会从阴道流出少量血样分泌物，称为"假月经"。这些都属于正常生理现象，一般持续1～3天会自行消失。但若出血量较多，或同时有其他部位的出血，则可能为新生儿出血症，需及时到医院诊治。

12.呼吸速度不均

新生儿中枢神经系统的发育还不成熟，加上胸腔小、气体交换量少，故主要靠呼吸次数的增加维持气体交换，使呼吸节律有时候会呈现不规则的速度，特别是在睡梦中，会出现呼吸快慢不均匀、憋气等现象，这些都是正常的。

新生儿正常的呼吸频率是每分钟40~50次，但前文有提过，个别案例中也有每分钟80次的，可看出新生儿的呼吸速度相差很大。

13.溢乳

新生儿可能出现溢乳的情况，可能的原因有两种。第一，新生儿胃入口贲门肌发育还不完善，非常松弛，而胃的出口幽门很容易发生痉挛，加上食道较短，进入胃里的奶汁便不易通过紧张的幽门进入肠道，便通过松弛的贲门反流回食道，溢入口中，并从小嘴巴里流出来，出现溢乳。第二，新生儿消化道神经调节功能尚未完善。一般随着月龄的增长，溢乳的状况都会慢慢减轻直至消失，因此不需要针对生理性溢乳进行治疗，只要留意护理即可。

Tips
减轻溢乳的护理方法

（1）在宝宝喝奶前先换好尿布，以免在宝宝喝奶时换尿布使宝宝哭闹而出现溢奶情形。如果在喂奶后发现宝宝尿了或是拉了，也不要急于换尿布，等宝宝熟睡后再轻轻更换。

（2）每次喂的奶量要少，一般控制在30~50毫升为宜。

（3）喂奶时要让宝宝含住乳晕，以免吸入过多的空气，更要避免宝宝吸空乳头。

（4）若宝宝喝奶过急的话，要适当控制一下。如果奶水出来得比较急的话，妈妈要用手指轻轻夹住乳晕后部，保证奶水以较缓慢的速度流出。如果妈妈是用奶瓶喂养的话，则要注意奶瓶的口径不要太大。

（5）使用空瓶时，要让奶汁充满奶嘴，以免宝宝吸入空气。

（6）喂奶后要将宝宝竖起，并轻拍背部，让他打出嗝来，再缓缓放下，且尽量不再挪动宝宝。

14.过度用力

有些妈妈会发现，宝宝常常在用力，有时甚至用力用到满脸通红，尤其是在睡觉快醒的时候，用力的状况更为明显。许多妈妈会担心宝宝是否有哪里不舒服，才会那么用力，其实宝宝没有不舒服，相反地，如此做会让宝宝感到通体舒畅，因为新生儿使劲就像是伸懒腰与活动筋骨，所以妈妈不用紧张。

15.惊吓

新生儿会比较容易受到惊吓，因为新生儿神经系统的发育尚未完善，神经管还没有被完全包裹住，因此当受到外界刺激时，宝宝会突然一惊，或者哭闹。有些妈妈们为了避免宝宝受到惊吓，会把宝宝的肢体包裹上，使其睡得安稳些。但是要注意，长期包裹不利于宝宝的成长。另外，一定不要把宝宝裹得直挺挺的，如此包住宝宝，对宝宝的发育是有害的。最后，当宝宝醒来时，就该打开包裹，持续包住也会影响宝宝的活动与发育。

新生儿可能出现的疾病

新生儿容易出现一些常见的疾病与症状。常见的疾病中有很多急需到医院接受治疗，但是过一段时间，大部分症状都能自然地消失。接下来将详细介绍新生儿常见疾病的主要症状，以及相应的治疗方法。

1.产伤

新生儿产伤是指生产过程中因机械因素，对胎儿或新生儿造成的损伤。主要包括以下两种：

（1）产瘤

产瘤是指头部先露部位头皮下的水肿，又称为头颅水肿。主要是由于自然生产的产程过长、先露部位软组织受压迫，或是生产时头部受到产道的外力挤压，而引发的头皮水肿、淤血、充血，或颅骨出现部分重叠的现象。最常见的表现为头顶部形成一个柔软的隆起。产瘤是正常的生理现象，出生后数天就会慢慢改善，不用进行穿刺，以免引起继发感染。

（2）头颅血肿

当生产时胎头与骨盆摩擦，或负压吸引时颅骨骨膜下的血管发生破裂，会使血液积留在骨膜下，形成头颅骨膜下的血肿，称为头颅血肿。主要的表现为新生儿在出生后数小时到数天之间，颅骨会出现肿物，并迅速增大，且在数日内达到极点，之后将逐渐缩小，而在数月后会自行消失，因此不需特别针对头颅血肿进行治疗。

2.窒息

新生儿窒息，是指胎儿娩出后仅有心跳而无呼吸或未建立规律呼吸的缺氧状态。新生儿窒息与胎儿在子宫内环境及分娩过程密切相关，凡影响母体和胎儿间血液循环和气体交换的原因，都会造成胎儿缺氧而引起窒息。以下将新生儿窒息的原因分为出生前原因和胎儿因素：

出生前原因：母亲患妊娠高血压，先兆子痫、急性失血、心脏病、急性传染病等疾病。子宫因素：

如子宫过度膨胀、痉挛和出血。胎盘原因：如胎盘功能不全、前置胎盘等。脐带原因：如脐带扭转、打结、绕颈等。难产：如骨盆狭窄、头盆不对称、胎位异常、羊膜早破、助产不顺利等。

胎儿因素：如新生儿呼吸道堵塞、颅内出血、肺发育不成熟以及严重的中枢神经系统、心血管畸形等。

严重窒息会导致新生儿伤残和死亡，因此爸妈要时刻注意宝宝呼吸道畅通程度，以免发生憾事。

3.念珠菌症

念珠菌症是一种由白色念珠菌引起的疾病。引起念珠菌症的原因很多，主要因为婴幼儿抵抗力低下：如营养不良、腹泻及长期用广效性抗生素等所致，口腔接触经霉菌污染的的餐具、乳头或手，也可能引起念珠菌症。故平时妈妈应注意喂养的清洁卫生，餐具及乳头在喂奶前要清洗干净。

患念珠菌症的小儿除口中可见白膜外，通常不会有其他不舒服，也不发热，不流口水，睡觉喝奶均正常。主要的症状——白膜则多发生在口腔的唇、舌、牙根及口腔黏膜。发病时先在舌面或口腔颊部黏膜出现白色点状物，之后会逐渐增多并蔓延至牙床、上颚，并相互融合成白色大片状膜。若用棉花棒沾水轻轻擦拭，将不容易去除；如强行剥除白膜，局部会出现潮红、粗糙，甚至出血，但很快又复发。

婴幼儿一旦出现念珠菌症，爸爸妈妈们可采用下列方法来进行处理，症状一般便可在2～3天好转或痊愈。首先，可用2%的苏打水溶液少许清洗口腔，再用棉花棒沾1%的紫药水涂在口腔中，每天1～2次。另外，也可用制霉菌素片1片溶于10毫升的冷开水中，然后涂口腔，每天3~4次。如使用以上方法仍未见好转，就应到医院儿科诊治。

4.肚脐发炎

生产时剪切的脐带留在婴儿的肚脐上，通常过几天就会脱落，且在一般情况下，脐带脱落的部位有很小的伤痕，很快就会痊愈。但如果脐带太晚脱落，或是伤口愈合时间过长，就会提高宝宝肚脐发炎的可能性。

宝宝的肚脐若是发炎，肚脐会出现潮湿现象，流出分泌物，并可能出现红肿情形，有些甚至闻起来会有异味。大多数的肚脐发炎会自然地恢复，但感染严重时就需要进行治疗。至于预防方法，在日常生活中，必须保持肚脐周围的清洁，如果被细菌感染，最好到医院就诊。另外，要注意不要让宝宝抠抓肚脐，否则也容易引起肚脐发炎。

5.肺炎

新生儿肺炎是临床常见病，四季均易发生，以冬春季为多。根据致病原因可分为吸入性肺炎和感染性肺炎，小儿肺炎临床表现为发热、咳嗽、呼吸困难，也有不发热而咳喘重者。另外，妈妈在宝宝患肺炎后，要注意为宝宝补充营养，保证摄入足够的热量及蛋白质，因宝宝在此时多会出现拒乳、拒食现象。且要注意多给新生儿喂水，以弥补身体流失的水分。此外，新生儿患肺炎期间，容易出现呛奶、溢奶现象，因此妈妈在喂奶时要特别注意，必须控制喝奶速度，且不要采取平卧方式喂奶，同时不要让宝宝过饱，在喂奶之后不要过度摇晃婴儿。

新生儿肺炎若不彻底治疗，容易反复发作，影响孩子发育，因此妈妈必须严格遵循以上事项，若宝宝久病未愈，必须去医院进行治疗。

6.尿布疹

婴儿的柔软皮肤容易受到尿液中的氨，或是尿布的摩擦刺激，加上其下半身经常跟尿液和其他排泄物接触，导致新生儿容易患尿布疹。新生儿中，又以过敏儿和异位性皮肤炎患者更容易得尿布疹。

为了防止尿布疹的发生，爸妈在挑选尿布品牌的时候，必须考虑到尿布的抑菌性、透气性和吸水性。其次，爸妈必须经常为宝宝更换尿布，以减低排泄物对宝宝皮肤的刺激。再者，若是使用可重复使用的环保尿布，必须在清洗尿布时，将清洁剂冲洗干净，否则亦会对宝宝的皮肤形成负面刺激。最后，为宝宝涂抹保护和滋润皮肤的护肤霜，也可帮助防止尿布疹。

如果宝宝已经出现尿布疹症状的话，最好先暂停使用尿布，然后在清爽的空气下晾干皮肤，让皮肤透透气，减缓症状。若不严重的话，可尝试擦拭凡士林，通常对缓解尿布疹也有帮助。若症状较为严重，则要咨询医生，并遵照医嘱使用药膏。注意，若是已使用医生所开的药膏，就不需再另外使用护肤霜。

7.尿酸梗塞

在出生后的2~5天，有的新生儿会开始在排尿前啼哭，且宝宝的尿布上会出现砖红色渍，这是由于尿液中尿酸过多沉积所致，称为"尿酸梗塞"。通常只要多饮水稀释尿液，尿液的颜色很快就会恢复正常。爸妈在观察宝宝尿酸梗塞的症状时，要注意正确鉴别砖红色渍与血尿。

8.便秘

喂母乳的健康婴儿一般一周排便一次。若婴儿大便坚硬、排便困难、排便时感到疼痛、排便后出现肛裂或出血等症状，或者排便次数很少的情况，就称为便秘。

便秘有多种可能的原因，例如，在以下情况中，宝宝容易出现便秘症状：母乳的摄取量不足、因呕吐等原因大量地损失水分、先天性巨大结肠等直肠下部局部闭锁的疾病，都可能是导致便秘的主要原因之一。

如果出现便秘症状，应找出根本原因，对症下药。如果暂时找不出便秘的原因，爸妈可以先为宝宝补充足够的水分，也可以通过使用专治便秘的药物来缓解宝宝的便秘症状。

9.湿疹

新生儿容易在脸部、颈部、四肢，甚至是全身出现颗粒状红色疹子，表面渗液，并使新生儿感到瘙痒，此即为新生儿湿疹。湿疹较常在出生后10～15天出现，特别容易出现在不是以母乳喂养的宝宝们身上，且以出生2～3个月宝宝的症状最为严重。其所引起的瘙痒及不适感，会使新生儿吵闹不安。

湿疹的病因多与遗传或过敏有关，且患湿疹的宝宝，长大后可能对某些食物过敏，如鱼、虾等，家长要留心观察。

一般不严重的湿疹，可不做特别的治疗，只要注意保持宝宝皮肤清洁，用清水清洗皮肤就可以了。如果宝宝的湿疹比较严重，父母可用硼酸水湿敷。

10.脱水热

少数婴儿在出生3～4天后，呈现体温偏高的状态，体温一般会在38～40℃，并常伴有脸颊红、皮肤潮红、口唇黏膜干燥等症状，且新生儿会表现得烦躁不安，啼哭不止。若经医生检验，是因体内水分不足而引起发热现象，则可确诊为脱水热。

欲治疗脱水热，只需及时补充水分，就可以在短时间内恢复正常。但若宝宝的腋温大于40.5℃，或有抽筋症状者，就必须紧急送往附近医院，且予以留院观察，并接受供氧和输液治疗。在病情得到控制后，1～2天就可恢复正常。

11.黄疸

黄疸在新生儿中算是常见的症状，会使婴儿的皮肤和眼白出现泛黄，且症状会首先出现在头部，接着随着胆红素水准升高，才会逐渐扩展到全身。

黄疸又分为生理性和病理性黄疸。生理性黄疸，又称为暂时性黄疸，发生率为50%～80%，在出生后2～3天出现，4～6天达到高峰，7～10天内消退。早产儿的黄疸会持续较长的时间，除有轻微食欲不振外，无其他临床症状。

病理性黄疸，出现时间不定，可能发生在出生后24小时至数周内，并在发生后2～3周内不会消退，甚至继续加深加重，或消退后重复出现。病理性黄疸严重时均可引起核黄疸（即胆红素脑），最严重可造成神经系统损害，甚至引起死亡。

50%的新生儿出生后可能出现黄疸，通常是因为婴儿的肝脏缺乏快速代谢胆红素的功能所致。其次，生产时所造成的产伤，使大量血液在损伤处分解，而形成更多胆红素，也可能使婴儿患上黄疸。另外，因为肝脏不成熟，也较容易致使早产儿出现黄疸。其他原因如感染、肝脏疾病、血型不相容等也会引起黄疸，但较不常见。

新生儿的培养与训练

新生儿时期是宝宝在各方面发育的高峰期，因此无论是在大脑或是体能方面，爸妈都可以通过一些行为来对宝宝进行培养与训练。

生活习惯培养

1.饮食习惯

婴儿消化系统薄弱，胃容量小，胃壁肌肉发育还不健全，从小培养婴儿良好的饮食习惯，使其饮食有规律，吃好吃饱，更好地吸收营养，才能满足身体的需要，促进生长发育。

母乳的前半部分富含蛋白质、维生素、乳糖、无机盐，后半部分则富含脂肪，它们是新生儿生长发育所必需的营养物质。因此，平时应该坚持让宝宝吃空一侧的母乳再吃另一侧，这样既可使婴儿获得全面的营养，又能保证两侧乳房乳汁的正常分泌。

⬆ 喝母乳对宝宝的生长发育有益。

另外，如果奶水充足，宝宝在一侧再也吃不到的时候，也就知道哺乳过程结束了，就会渐渐睡去。倘若来回换着吃，反而会弄醒宝宝。这样容易让宝宝变得敏感，很难睡着，妈妈也会觉得疲劳。如果晚上宝宝饿醒了，要及时抱起喂奶，但尽量少和他说话。

2.睡眠习惯

如果让其仰卧，将其上肢伸展，然后放松，新生儿会自然让上臂又回复到原来的屈曲状态。另外，新生儿睡眠时最好采取左侧卧的姿势。因为新生儿出生时会保持在胎内的姿势，四肢仍屈曲，为了使其把出生时吸入的羊水等顺着体位流出，应让宝宝采用左侧卧的姿势，头部可适当放低些，以免羊水呛入呼吸道内。但是，如果新生儿有颅内出血症状，就不能把头放低了。如果将新生儿背朝上俯卧，他会将头转向一侧，以免上鼻道受堵而影响呼吸。

了解新生儿喜欢的卧姿，平时就不应勉强将新生儿的手脚拉直或捆紧，否则会使新生儿感到不适，影响其睡眠、情绪和进食，健康当然就得不到保证了。

白天睡觉要定点。对于精力旺盛的宝宝来说，睡觉不是件容易的事情，白天要适当让宝宝活动一下，翻翻身，抬抬头，做做操，每次时间不要太长，这样，体力被消耗了的宝宝就很容易睡觉，但注意不要让宝宝玩得太累。晚上睡觉也要定点，不要抱着睡或边拍边睡、摇晃床、让其口含乳头或吮吸手指。

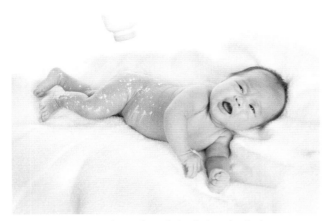

⬆ 白天让宝宝适当活动，晚上才会睡得安稳。

3.卫生习惯

婴儿对疾病的抵抗力很弱，易感染各种疾病。从小培养宝宝爱清洁的好习惯，可以使婴儿少生病，保持身体健康。保持良好的卫生习惯，才能让宝宝感觉到清爽舒适。

因此，从新生儿开始就要培养定时洗澡、清洁卫生的习惯，应每天洗澡，也应每天洗脸、手及臀部。在冬天每周可洗澡1~2次，并要经常替他洗去乳汁、食物及汗液、尿液与粪便。因为一个月的新生儿新陈代谢很快，每天排出的汗液与尿液等会刺激他的皮肤，而新生儿的皮肤十分娇嫩，表皮呈微酸性。如果不注意皮肤清洁，一段时间后，在皮肤褶皱处，如耳后、颈项、腋下、腹股沟容易形成溃烂甚至感染。臀部包裹着尿布，如不及时清洗，容易患皮肤炎。

刚开始洗澡，宝宝可能不适应水，会吵，而你也会紧张，渐渐地他就会开始喜欢水，见到水会露出愉快的表情。

4.排便习惯

新生儿大小便次数多，可以有意识地进行训练，定时把大小便，还可以用声音刺激排便。同时，要注意清洁新生儿的屁股，保持干爽卫生。

"三感"训练

早期教育必须从零岁开始，因为此时大脑可塑性最高。大脑的可塑性是大脑对环境的潜在适应能力，是人类终身具有的特性。年龄越小，可塑性也越大。据研究表明，孩子刚出生时大脑发育已经完成了25%，从0岁开始的外部刺激，将成为大脑发育的导向；3岁前，尤其是出生的第1年是大脑发育最迅速的时期；而5岁时大脑的发育将达到90%。

另外，早期形成的行为习惯，将编织在神经网络之中，而将来若改变已形成的习惯却要困难很多。因此，现在的家长要特别注重孩子的早期教育。婴儿以上的特性也使零岁教育成为可能和必要。

在新生儿时期，可以锻炼宝宝的听觉、视觉和情绪反应，妈妈可以通过喂奶时的话语或对着新生儿唱歌，肢体动作的训练，良性的刺激等来开发新生儿大脑的潜能。

1.视觉能力

新生儿的视力虽弱，但他能看到周围的东西，甚至能记住复杂的图形，喜欢看鲜艳有动感的东西，所以，家长这时应该采取一些方法来锻炼宝宝的视觉能力。

宝宝喜欢左顾右盼，极少注意面前的东西，可以拿些玩具在宝宝眼前慢慢移动，让宝宝的眼睛去追视移动的玩具。宝宝的眼睛和追视玩具的距离以

15～20厘米为宜。训练追视玩具的时间不能过长，一般控制在每次1～2分钟，每天2～3次为宜。

宝宝在吃奶时，可能会突然停下来，静静地看着妈妈，甚至忘记了吃奶，如果此时妈妈也深情地注视着宝宝，并面带微笑，宝宝的眼睛会变得很明亮。这是最基础的视觉训练法，也是最常使用的方法。

除此之外，还可以把自己的脸一会儿移向左，一会儿移向右，让宝宝追着你的脸看，这样不但可以训练宝宝左右转脸追视，还可以训练他仰起脸向上方

⬆ 爸妈可以通过移动玩具来训练宝宝的视力。

追视，而且也使宝宝的颈部得到了锻炼。

2.听觉能力

在新生儿期进行宝宝的听觉能力训练是切实可行的，因为胎儿在妈妈体内就具有听的能力，并能感受声音的强弱、音调的高低和分辨声音的类型。因此，新生儿不仅具有听力，还具有声音的定向能力，能够分辨出发出声音的地方。

所以，除自然存在的声音外，我们还可人为地给婴儿创造一个有声的世界。例如，给婴儿买些有声响的玩具——拨浪鼓、音乐盒、会叫的鸭子等。此外，可让婴儿听音乐，有节奏的、优美的乐曲会带给婴儿安全感，但放音乐的时间不宜过长，也不宜选择过于吵闹的音乐。母亲和家人最好能和婴儿说话，亲热和温馨的话语，能让婴儿感觉到初步的感情交流。新妈妈可以和新生儿面对面地谈话，让他注视你的脸，慢慢移动头的位置，设法吸引新生儿视线追随你移动。

3.触觉能力

触觉是宝宝最早发展的能力之一，丰富的触觉刺激对智力与情绪发展都有着重要影响。越是年龄小的宝宝，越需要接受多样的触觉刺激。父母平时可以多给宝宝一些拥抱和触摸，一方面传递爱的信息，一方面增加宝宝的触觉刺激。还可以用不同材质的毛巾给宝宝洗澡，让宝宝接触多种材质的衣服、布料、寝具等，给宝宝不同材质的玩具玩。

在大自然里有许多不同的触觉刺激，那是一般家庭环境所缺乏的，如草地、沙地、植物等。父母不妨多找机会带宝宝外出，充分接触大自然，这对宝宝触觉发展大有帮助。爸爸妈妈应该多与宝宝接触，这

样不但能增进亲子关系，更能为宝宝未来的成长和学习打下坚实的基础。

运动能力训练

宝宝的运动能力始于胎儿时期，并在新生儿期也表现出很复杂的运动能力，这时父母应该给孩子足够的活动空间，给孩子进行适当的体格锻炼，才能使宝宝更加活跃，身体更强健。新生儿体格锻炼有助于生长发育。

婴儿体质的好坏，不仅受先天因素的影响，而且受后天营养和锻炼的影响。体格锻炼是利用自然因素和体育、游戏活动来促进儿童生长发育，增进健康、增强体质的积极措施。

1.帮宝宝按摩

在帮宝宝按摩时，一般情况下，从抚摸头部或后背的动作开始，第一次按摩时，把身体的主要部位按摩几分钟。熟练之后，就慢慢地按摩其他部位。在按摩过程中，应该继续跟婴儿说话，如果婴儿感到不舒服，就应该停止按摩。

（1）头部

在盘腿的状态下，让婴儿靠着大腿仰卧，然后用一只手支撑婴儿的头部，用另一只手沿着顺时针方向柔和地抚摸婴儿的头部。

（2）肩部和手臂

用一只手轻轻地抬起婴儿，并用手臂抬起婴儿的头部、后背和臀部。用另一只手揉婴儿的肩部和手臂，然后上下活动抱婴儿的手臂。用同样的方法反复按摩4～5次。

（3）胸部

把左手放在婴儿的胸部上方，然后用手指沿着顺时针方向按摩胸部和肋骨。另外，上下活动支撑婴儿的腿部。

（4）侧腰

用按摩后背的姿势上下摇晃婴儿，然后用手按摩婴儿的侧腰。沿着顺时针方向轻轻地抚摸后背，然后按摩连接脊椎和盆骨的部位，以及侧腰部位。在脐带完全脱离之前，不能触摸肚脐部位。

（5）后背

让婴儿趴在妈妈的手臂和大腿上面，然后用另一只手沿着顺时针方向轻轻地抚摸婴儿的后背。此时，上下活动妈妈的腿部，并摇晃婴儿。

2.刺激体能发育

对宝宝进行抱、逗、按、捏，这对宝宝的体能来说是非常好的刺激。逗可以活跃气氛，丰富感情，是婴儿一种最好的娱乐方式。逗可以使婴儿高兴得手舞足蹈，使全身的活动量进一步加强，而且，对周围事物的反应也显得更加灵活敏锐。

抱是传递母子感情信息、对婴儿最轻微得体的活动。当婴儿在哭闹不止的情况下，恰恰是最需要抱，从而得到精神安慰的时候。为了培养婴儿的感情思维，特别是在哭闹的特殊语言的要求下，不要挫伤幼儿心灵，应该多抱抱婴儿。

按不仅能增加胸背腹肌的锻炼，减少脂肪细胞的沉积，促进全身血液循环，还可以增强心肺活动量和肠胃的消化功能。

捏是家长用手指对婴儿进行捏揉，较按稍加用力，可以使全身和四肢肌肉更紧实。一般先从上肢至两下肢，再从两肩至胸腹，每行10～20次。在捏揉过程中，小儿胃激素的分泌和小肠的吸收功能均有改变，特别是对脾胃虚弱、消化功能不良的婴儿效果更加显著。

除了抱以外，逗、按、捏均不宜在进食当中或食后不久进行，以免食物呛入气管，时间一般应选择进食2小时后进行。操作手法要轻柔，不要过度用力，以让婴儿感到舒适为宜，并且不要让婴儿受凉，以防感冒。在逗戏婴儿时，笑态表情自然大方，不要做过多的挤眉、斜眼、歪嘴等怪诞不堪的动作，以避免婴儿模仿形成不良的病态习惯，将来不好纠正。

⬆ 多抱宝宝可以刺激宝宝的体能发育。

抱、逗、按、捏是婴儿健身简便易行的有效方法，对婴儿的身心健康有着良好的作用。

3.动作能力训练

（1）抬头训练

宝宝只有抬起头，视野才能开阔，智力才可以得到更大发展。不过，由于新生儿没有自己抬头的能力，还需要爸爸妈妈的辅助才能练习并做到。

平时，可以在室内墙上挂一些彩画或色彩鲜艳的玩具，当宝宝醒来时，爸爸妈妈把宝宝竖起来抱抱，让宝宝看看墙上的画及玩具，这种方法也可以锻

炼宝宝头颈部的肌肉，对抬头的训练也有积极作用。当宝宝锻炼后，应轻轻抚摸宝宝背部，既是放松肌肉，又是爱的奖励。如果宝宝练得累了，就应让他休息片刻。

另一种方法是当宝宝吃完奶后，妈妈可以让他把头靠在自己肩上，然后轻轻移开手，让宝宝自己竖直片刻，每天可做四五次。

还有一种方法是，让宝宝自然俯卧在妈妈的腹部，将宝宝的头扶至正中，两手放在头两侧，逗引他抬头片刻。也可以让宝宝空腹趴在床上，用小铃铛、拨浪鼓或呼宝宝乳名引他抬头。

（2）迈步训练

宝宝在新生儿期就有向前迈步的先天条件反射，宝宝如果健康没病，情绪又很好时，就可以进行迈步运动的训练。

做迈步运动训练时，爸爸或妈妈托住宝宝的腋下，并用两个大拇指控制好宝宝的头，然后让宝宝光着小脚丫接触桌面等平整的物体，这时宝宝就会做出相应而协调的迈步动作。尽管宝宝的脚丫还不能平平地踩在物体上，更不能迈出真正意义上的一步，但这种迈步训练对宝宝的发育和成长无疑是有益的。所以，在进行训练时，你要表现得温柔一点儿，时间控制在每天3~4次，每次3分钟较为适宜。如果宝宝不配合，千万不要勉强，以免弄伤宝宝。

新生儿已经具有很复杂的运动能力，但是包裹在襁褓中，极大地限制了新生儿运动能力的正常发育，应该让新生儿有足够的活动空间，这样才能促进其运动能力的发展。

（3）户外运动

抱新生儿到户外去，可以呼吸到新鲜空气。新鲜空气中氧气含量高，能促进宝宝的新陈代谢。同时，

室外温度比室内低，宝宝到户外受到冷空气刺激，可使皮肤和呼吸道黏膜不断受到锻炼，从而增强宝宝对外界环境的适应能力和对疾病的抵抗能力。新生儿在户外看到更多的人和物，在观察与交流中可促进他的智力发育。一般夏天出生的婴儿出生后7~10天，冬天出生的宝宝满月后就可抱到户外。刚开始要选择室内外温差较小的好天气，每日1~2次，每次3~5分钟。以后根据宝宝的耐受能力逐渐延长。应根据不同季节决定宝宝到户外的时间。夏天最好选择早、晚时间；冬天选择中午外界气温较高的时候到户外去。出去时衣服穿得不要太多，包裹得也不要太紧。如果室

⬆ 带宝宝到户外可以增加宝宝的活动量。

外温度在10℃以下或风很大，就不要抱宝宝到户外去，以免其受凉感冒。

语言能力训练

1.鼓励宝宝发出声音

鼓励宝宝多多发出声音，可以促进宝宝的语言能力发展。宝宝1个月内偶尔会吐露一些咿呀语，他们这样做是为了听到他们自己的声音，他们还用不同的声音表示不同的情绪。咿呀语和真正的语言不同，它不需要去教，宝宝自然就会了，不过父母可以通过微笑和鼓励增加宝宝咿咿呀呀的次数。

例如一个母亲同她3个月的孩子交谈："儿子今天好吗？你好吗？我很高兴，你呢？你现在想要什么？你的奶瓶？这是你想要的？好，它在这儿。"在这个交谈中，母亲假定她的宝宝是有能力回答的。母亲问完后停顿一下，给她的小宝宝回答的机会，然后又接着说。母亲的这种交谈方式，向小宝宝表达了她的愿望，希望他们间彼此能够交谈。当小宝宝终于开始说话时，父母仍可继续这种方式。

2.语言能力发展

在生命的第一年里，宝宝的语言发展会经过以下三个阶段：第一阶段（0~3月），为简单发音阶段；第二阶段（4~8月），为连续发音阶段；第三阶段（9~12月），为学话阶段。由此可知，宝宝其实一直都在学习讲话。所以在一开始，当宝宝还没有说话能力的时候，父母要经常和宝宝讲话，听到父母的声音，宝宝会感到舒适愉快。经常给孩子微笑的表情，注视孩子的眼睛；孩子发出咿呀的声音时，要给孩子积极的回应，还要经常让孩子适当地哭一哭；宝宝啼哭时，父母要发出与其哭声相同的声音。这时宝宝会试着再发声，几次回声对答，宝宝喜欢上这种游戏似的叫声，渐渐地学会了叫而不是哭。这时父母把口张大一点儿，用"啊"来诱导宝宝对答，对宝宝发出的第一个母音，家长要以肯定、赞扬的语气用回声给以巩固强化，并记录下来。

Part 2
1~3个月的宝宝

度过了喜悦的第1个月，
爸妈在接下来的3个月中，
在宝宝饮食与照护上又有什么需要注意的呢？

宝宝的生长发育

刚出生不久的宝宝，在体重和身高的成长上都会出现惊人的变化，让我们带爸妈来看看，宝宝会有哪些成长吧！

体型

这个时期的婴儿已经逐渐适应了新环境，而且比初生时候漂亮了许多，脸部变得饱满圆润，皮肤变得光亮、白嫩，弹性增加，皮下脂肪增厚，胎毛、胎脂减少，头形滚圆，更加惹人喜爱。

↑ 经过第1个月的发育，宝宝在此时变得更加可爱。

在第2个月中，宝宝的体重将增加0.7～0.9千克，身长将增加2.5～4.0厘米，并将继续以出生后第1周的生长速度生长。到满2个月时，男婴体重平均5.2千克，身长平均58.1厘米；女婴体重则为4.7千克，身长56.8厘米。到第3个月，孩子会更经常地使用手和脚，使肌肉开始发育，一些脂肪将逐渐消失，不过孩子在此时还是显得圆圆胖胖的。满3个月时，男宝宝体重平均为6.0千克，身长平均61.1厘米；女宝宝体重平均为5.4千克，身长平均为59.5厘米。身长较初生时增长约四分之一，体重已比初生时增加了1倍，前囟门出生时斜径为2.5厘米，后囟门出生时很小，1～2个月时有的已经闭合。到第3个月，有些孩子头上的囟门外观仍然开放而扁平。

头围

宝宝刚出生时，平均头围为34厘米，到第2个月时增长3～4厘米，第3个月时，男宝宝头围平均约41.0厘米，女宝宝头围约40.0厘米。经常会有爸爸妈妈为了孩子头围比正常平均值差0.5厘米，甚至是0.3厘米而焦急万分，这是没有必要的。事实上，除了先天性疾病，健康的宝宝还是占绝大多数的，有病的宝宝毕竟是极少的。不过头围反映了脑和颅骨的发育程度，并为大脑发育的直接象征，因此还是可作为爸妈和医生观察宝宝发育参考的指标。

视觉能力

在大约第2个月时，宝宝眼睛较为清澈，眼球的转动灵活，哭泣时眼泪也多了，不仅能注视静止的物体，还能追随物体而转移视线，注意力集中的时间也逐渐延长，视觉集中的现象越来越明显，并会喜欢看熟悉的大人的脸。

到第3个月，孩子的视觉则会出现更加明显的变化，眼睛将更加协调，两只眼睛可以同时运动并聚焦。在宝宝卧床的上方距离眼睛20 ~ 30厘米处，挂上2 ~ 3种色彩鲜艳（最好是纯正的红、绿、蓝色）的玩具，如环、铃或球类，爸妈可以触动或摇摆这些玩具，以引起他的兴趣。在婴儿能集中注意力后，将玩具边摇边移动（水平方向180度，垂直方向90度），使婴儿的视线追随玩具移动的方向。

● 鲜艳的玩具可以提升宝宝的视觉能力。

● 研究显示，宝宝较喜欢妇女的高音调声音。

听觉能力

听觉方面，相对于其他声音，婴儿也更喜欢人类的声音。他尤其喜欢妈妈的声音，因为他将妈妈的声音与温暖、食物和舒适联系在一起。在1个月时，即使妈妈在其他房间，他也可以辨认出其声音，当妈妈跟他说话时，他会感到安全、舒适和愉快。一般来说，婴儿比较喜欢高音调的妇女的声音。

味觉与嗅觉能力

除了视觉之外，此时期的宝宝，味觉和嗅觉也在继续发展。宝宝能够辨别不同味道，并表示自己的好恶，遇到不喜欢的味道会退缩回避，逐渐有了悲伤的情绪，宝宝的某些反应已经可以蕴含情绪。

在胎儿时期宝宝的嗅觉器官即已成熟，到这个阶段时宝宝已经能够靠嗅觉来辨别妈妈的奶味，寻找妈妈和乳头，能识别母乳香味，对刺激性气味表示厌恶。小宝宝总是面向着妈妈睡觉，就是嗅觉的作用。

宝宝的饮食

在出生1~3个月后，宝宝依然维持着和新生时一样的喂养方法——母乳喂养、配方奶喂养和混合喂养。喂养时要注意哪些小细节，才能让宝宝吃得好呢？

这个月宝宝每日所需的热量大致是每千克体重420~504千焦，如果每日摄取的热量低于每千克体重420千焦的话，宝宝体重增长就会缓慢或落后；如果超过每千克体重504千焦的话，有可能造成肥胖。

除了热量之外，蛋白质、脂肪、矿物质、维生素的需求大都可以通过母乳和配方奶摄入。以配方奶喂养的宝宝每天可以补充20~40毫升的新鲜果汁。

在介绍新生儿饮食时，我们已说明过，宝宝主要的饮食方式有母乳喂养、配方奶喂养以及混合喂养，而出生1~3个月的宝宝依然维持一样的饮食方式，因此不再赘述。下文将对这3种喂养方式做更深入且详细的叙述。

母乳喂养的间隔时间变长

在此时期，宝宝吃奶的间隔时间会变长，妈妈终于可以睡个安稳的好觉了。以往过3个小时就饿得哭闹的宝宝，现在即使过4个小时、有时甚至过5个小时也不哭不闹，而晚上也有可能延长到6~7个小时。因为宝宝睡觉时对热量的需求减少，上一次吃进去的奶足够维持宝宝所需的热量。只要体重增加而睡眠时间变长，就说明宝宝的胃开始有存食能力了。

如何提高母乳的品质？

母亲自身的营养状况、精神状况以及生活起居会影响母乳分泌的品质以及量的多寡，以下有几点可以帮助妈妈提升母乳的品质。

1.怀有喂养母乳的强烈欲望

这是保证泌乳的重要内在动力。做妈妈的一定要有信心，相信自己能有足够的奶水哺育孩子，这是保证泌乳充分的前提。

2.生活规律

妈妈的工作、学习、休息、家务要安排适当，劳逸结合，睡眠充足，并注意休息，以上事项皆会使泌乳量增加；而过于操劳会使乳汁分泌减少。

3.补足营养以保证乳汁的品质

产后妈妈的膳食，既要补充母体因怀孕生产所造成的营养损失，又要保证乳汁量足够，因此妈妈的营养供给要高于一般人。妈妈要吃高蛋白和富含维生素、矿物质的食物。同时，妈妈不要偏食或忌口，并且考虑到乳汁的品质和孩子的需求，须少吃油腻、辛辣的食物。另外，水分不足是乳汁分泌不足的原因之一，所以妈妈要多喝水，还要多喝一些营养丰富，使妈妈容易发奶的汤类。

4.避免烟、酒、茶等刺激物

烟中的尼古丁能减少乳汁的分泌；酒中的酒

精、茶中的咖啡因和茶碱等成分，可能通过乳汁进入婴儿体内，造成婴儿兴奋不安。

5.掌握母乳分泌小技巧

要确保母乳分泌正常，妈妈的内衣不要过紧，以免压迫乳房，影响泌乳。此外，妈妈如果经常让婴儿吸吮乳头，也能刺激乳汁分泌。

6.保持心情舒畅、精神愉快

家人与朋友的体贴关心，会使妈妈情绪稳定，进而保证乳汁的分泌。若妈妈经常处于紧张、忧虑、烦躁的状态下，会使乳量减少甚至回奶。

吸乳器的选择和使用

当婴儿无法直接吮吸母乳，或是母亲的乳头发生问题，或者有些母亲尽管在坚持工作，但仍然希望以母乳喂养孩子，这些情况下，就可以以吸乳器作为辅助工具，挤出积聚在乳腺里的母乳。吸奶器有电动型和手动型。另外，母乳可能从两侧的乳房同时流出，所以还备有两侧乳房同时使用，以及单侧分别使用两种类型。实际使用时，吸乳器必须具备适当的吸力。使用时乳头没有疼痛感，并能够细微地调整吸奶的压力。

在使用吸乳器时，妈妈可先用薰蒸过的毛巾使乳房温暖，并进行刺激乳晕的按摩，使乳腺充分扩张。再按照符合自身情况的吸力进行吸奶。吸奶的时间应控制在20分钟以内。若乳房和乳头有疼痛感的时候，须停止吸奶。

妈妈上班时婴儿的喂养方法

一般来说，宝宝出生1~3个月后，妈妈就可以开始准备回去工作了。上班后，妈妈就不便按时给宝宝哺乳了，需要进行混合喂养。这个时期宝宝体内从母体中带来的一些免疫物质正在不断消耗、减少，若过早中断母乳喂养会导致抵抗力下降，消化功能紊乱，影响宝宝的生长发育。而且此时宝宝正需要添加副食品，如果喂养不当，很容易使宝宝的肠胃发生问题，导致宝宝消化不良、腹泻、呕吐等各种问题。这个时候正确的喂养方法，一般是在两次母乳之间加喂一次牛奶或其他代乳品。最好的办法是，只要条件允许，妈妈在上班时仍按哺乳时间将乳汁挤出，或用吸奶器将乳汁吸空，以保证下次乳汁能充分地分泌。吸出的乳汁在可能的情况下，用消毒过的清洁奶瓶放置在冰箱里或阴凉处存放起来，回家后用温水煮热后仍可喂哺宝宝。

即使上班后，妈妈每天至少也应泌乳三次（包括喂奶和挤奶），因为如果一天只喂奶一两次，乳房得不到充分的刺激，母乳分泌量就会越来越少，不利于延长母乳喂养的时间。总之，要尽量减少牛奶或其他代乳品的喂养次数，尽最大努力坚持母乳喂养。

奶粉的选择方法

配方奶粉是供给婴儿生长与发育所需的一种人工食品，被用来当做母乳的替作品，或是无法母乳哺育时使用。配方奶以母乳为标准，对牛奶进行全面改造，使其最大限度地接近母乳，符合宝宝消化吸收和营养需要。

现在购买奶粉途径很多，如超市、商场，还有很多物流送货，购买时要检查奶粉的生产日期、保存期限等。在打开奶粉包装盖或剪开袋子后，要观察奶粉的外观、性状、干湿、有无结块、杂质等，也要注意奶粉的溶解度、是否黏瓶等。并尽量在开封后一个月内吃完。

为婴儿选择合适的奶粉，需注意以下几点：

1.依宝宝的年龄选择

在选择产品时要根据婴幼儿的年龄段来选择产品，因为不同婴儿时期所需要的奶粉有不同的特性，因此爸妈在挑选时，首先必须先以宝宝的年龄来做选择的依据。

2.按宝宝的健康需求选择

不同的宝宝在健康状况上一定也存在着个体差异：例如早产儿消化系统的发育较顺产儿差，可选早产儿奶粉，待体重发育至正常（大于2500克）才可更换成婴儿配方奶粉；对缺乏乳糖酶的宝宝、患有慢性腹泻导致肠黏膜表层乳糖酶流失的宝宝、有哮喘和皮肤疾病的宝宝，可选择脱敏奶粉，又称为黄豆配方奶粉；患有急性或长期慢性腹泻或短肠症的宝宝，由于肠道黏膜受损，多种消化酶缺乏，可用水解蛋白配方奶粉；缺铁的孩子，可补充高铁奶粉。这些选择，最好在临床营养医生指导下进行。

3.了解奶粉成分

选择奶粉的时候，最好选择专门配制婴儿奶粉的厂家，因为配方奶粉中最重要的就是其中的组成成分，成分之间量的比例是多少，所有细节都需要专家严格按照规定配制，所以要选择有信誉的商家，商品才有保障。

4.与母乳成分相似度愈高愈好

母乳中的蛋白质有27%是α–乳清蛋白，而牛奶中的α–乳清蛋白仅占全部蛋白质的4%。选购配方奶时最好选α–乳清蛋白含量较接近母乳的配方奶粉，因为α–乳清蛋白能提供最接近母乳的氨基酸组合，提高蛋白质的生物利用率，降低蛋白质的总量，从而有效减轻宝宝肾脏负担。同时，α–乳清蛋白还含有调节睡眠的神经递质，有助于婴儿睡眠，促进大脑发育。

5.生产日期和保存期限

奶粉的包装上都会标注有制造日期和保存期限，家长应仔细查看，避免购进过期变质的产品。

6.注意奶粉外观与冲调性

在购买袋装奶粉时，可以用手去捏，如手感凹凸不平，并有不规则大小块状物，则该产品为变质产品。罐装奶粉在购买之前较不容易对内容物进行判断，因此只能在买回家后，针对外观及冲调性做观察。品质好的奶粉冲调性好，冲后无结块，液体呈乳白色，奶香味浓；而品质差或乳成分很低的奶粉冲调性差，即所谓的冲不开，品尝时甚至没有奶香的味道，或有香精调香的香味。另外，若是淀粉含量较高的产品，冲后呈糊状。

冲奶粉的注意事项

为宝宝冲奶粉，看似是很简单的事，实际上藏着大学问。下面我们来看看一些冲奶粉的要领。

第一，必须正确地控制奶粉量。使用浓缩奶粉或牛奶喂养婴儿时，每次必须保持相同的量，因此妈妈要按照商品说明书的要求用开水冲奶粉，才能正确地控制奶粉量。

其次，为了防止细菌繁殖，要采取瞬间冷却或加热的方法。如果多备几个奶瓶，就能节省时间。这样可以一次多准备几顿的牛奶，然后以快速冷冻的方法在冰箱内保存。如果临近哺乳时间，就用开水加热冷藏的牛奶即可。

此外，要彻底地消毒奶瓶，因为不管用什么方法冲奶粉，只要被极少数病毒感染，就容易导致婴儿患上严重的疾病。

喂奶粉的时间

以前，很多爸妈认为，如果根据婴儿需求喂奶粉，就容易形成无规则的喂养方式，使婴儿形成坏习惯。相反，如果按时喂奶粉，就容易让婴儿形成有规律的生活习惯，只要规定好喂奶粉的时间，然后就严格地按照时间喂奶。

其实，这种认知是不正确的。研究结果表明，喂奶粉的时间和婴儿的性格没有太大的关系，因此在哺乳初期，最好跟喂母乳的婴儿一样管理喂奶粉的婴儿。在形成一种习惯之前，应该适当地调节喂奶粉的时间，然后顺其自然遵守喂奶的时间。

喂奶粉的量

喂奶粉时，必须控制好喂奶粉的时间间隔，以及每次喂奶粉的量。许多妈妈会任意调整宝宝的喂量，但其实在特定情况下，这是有可能对宝宝造成伤害的。

例如，在宝宝持续高温或发热的情况下，妈妈若不遵循奶粉公司对用量的规定，按照自己的想法任意喂奶，婴儿的肾脏就不能正常地排泄盐分，导致婴儿的体重会急剧增加。另外，有的妈妈认为喂奶粉会导致宝宝过胖，实际上喝配方奶并不会造成宝宝过胖，喝配方奶过量才会造成宝宝过胖。除了喝过多配方奶会使宝宝过胖外，为了延长婴儿的睡眠时间，有些妈妈会在奶粉里添加谷物粉，这种方法也会导致婴儿肥胖症。

注意奶嘴孔的大小

喂牛奶时不能让婴儿过于疲劳，因此要倒立奶瓶，同时观察牛奶是否以适当流速滴出。在静静地倒立奶瓶时，最好每2～3秒滴下一滴牛奶。如果滴下的速度过快，就说明奶嘴孔过大；相反，如果牛奶滴下的速度过慢，就说明奶嘴孔过小或被堵塞了。还有另外一种判断方法，如果普通食量的婴儿喝完一瓶牛奶需要20分钟以上，就说明奶嘴孔过小。只有牛奶浓度和奶嘴孔的大小相匹配，宝宝才容易吸吮瓶里的奶。

此外，大部分妈妈会使用大口径玻璃奶瓶或塑胶奶瓶给婴儿喂奶，用此种大口径的奶瓶，应该检查奶瓶口是否充满空气。如果奶瓶口充满空气，婴儿就会通过奶瓶吸入大量的空气，容易导致腹痛症状。

喂奶粉时的卫生要求

母乳非常干净，而且婴儿在进食母乳时能吸收母乳内的抗体，因此能防止细菌感染。但以配方奶喂养的婴儿就不同了，奶瓶和奶嘴常会有细菌滋生，加上婴儿抵抗疾病的能力较差，因此要经常清洁与消毒奶瓶和奶嘴。

在消毒之前，必须用水彻底地清洗奶瓶和奶嘴。因为奶瓶和奶嘴的奶粉残渣会形成细菌的繁殖，而且妨碍消毒，因此容易导致细菌感染。要用流动的水清洗奶嘴。另外，为了彻底清除奶嘴上面的残渣，必须从奶嘴外侧开始清洗，然后用同样的方法再清洗奶瓶里面。如果用热水清洗，奶粉就会凝固在奶瓶表面，因此要用凉水清洗。

清洗完之后就轮到消毒了。沸水消毒是传统的消毒方法，被许多家庭采用，具体做法是在锅内倒满水，然后烧开，最后放入奶瓶和奶嘴消毒几秒钟。另外，还可以选用电磁波消毒器和电器消毒器。具体操作方法是：把清洗好的奶瓶和奶嘴放入电子波消毒器内，然后用电磁波消毒一段时间，就能结束消毒；如果是电气消毒器，放入需要消毒的哺乳工具后，只要插上电就能消毒，因此非常方便。

喂奶粉时，要特别注意卫生，妈妈要清洁双手后再开始喂养的程序。另外，不干净的毛巾容易传染病菌，因此洗手后最好使用卫生纸擦干双手。

⬆ 在喂奶前，爸妈要对奶瓶进行正确消毒。

喂奶粉的注意事项

1.看着婴儿喂奶

喂奶粉的另一种姿势就是"母婴对视"。妈妈舒适地坐在床、沙发或椅子上面，然后使婴儿的头部朝向自己的膝盖，婴儿的腿部朝向妈妈的腹部。妈妈用一只手抬起婴儿的头部，然后用另一只手抓住奶瓶。在这种姿势下，妈妈就能看着婴儿，因此形成便于交流的气氛。如果采取这种姿势，就能自然地注视对方的眼睛，但是不能任意地接触身体。

目前，世界上正广泛地进行关于婴儿出生瞬间和出生几小时内状态的研究。刚出生时，如果不隔离妈妈和婴儿，妈妈和婴儿之间会产生交流。婴儿会睁大眼睛看着妈妈，妈妈也会抱着婴儿亲切地看着婴儿。这种眼神的交流对于婴儿的成长非常重要，妈妈和婴儿之间会形成无言的对话，因此能营造出跟喂母乳相同的气氛。

在喂奶粉的过程中，除了要与宝宝维持眼神交流以外，大部分婴儿还希望妈妈不要经常分心，要全神贯注地看着自己。如果妈妈只关注电视节目，婴儿就会拒绝吃奶，借此来告诉妈妈要关注自己。

2.多冲一点奶

每次冲奶粉时，应该比婴儿正常的摄取量多冲一点儿。如果间隔2小时或者更频繁地给婴儿喂奶，就说明婴儿没有吃饱，或者口渴了。

混合喂养的细节注意

混合喂养是在确定母乳不足的情况下，以其他乳类或代乳品来补充喂养婴儿的方法。其喂养方法是一次喂母乳，一次喂牛奶或奶粉，轮换间隔喂食，这种叫代授法。这种方法不允许在同一顿餐中混合喂养母乳和配方奶，一顿喂母乳就全部喂母乳，即使没吃饱，也不要马上喂配方奶，这样可以缩短喂奶的间隔时间。

使用混合喂养的方法时，每天一定要让婴儿定时吸吮母乳，注意奶量及食物量要足。判断母乳是否充足的最好方法就是根据宝宝的体重增长情况，如果宝宝在一周中体重增长低于200克，就表示母乳不足了。如果宝宝变得很爱哭的话，也有可能是因为没有吃饱。此外，正常发育和成长的宝宝一天的尿布用量是6～10块，可以将此作为辅助参考的依据。

混合喂养虽然不如母乳喂养好，但在一定程度上能保证母亲的乳房按时受到婴儿吸吮的刺激，从而维持乳汁的正常分泌，使婴儿每天能吃到2~3次母乳，对婴儿的健康有很多好处。因此绝对不要因为母乳量不足而放弃混合喂养，因为母乳是吃得越空，分泌得越多，多多让宝宝吸吮，母乳也会更加充裕。

副食品的添加

婴儿在满月之后，爸妈可以在宝宝饮食中适量地添加副食品，以提升宝宝的营养吸收。

首先，爸妈可以帮宝宝准备菜汁或是果汁，在喂养的时候，不要使用带有橡皮乳头的奶瓶，应用小汤匙或小杯，以免造成乳头错觉，并同时逐渐让宝宝适应用小勺喂养的习惯。通常1天喂食2次，时间可安排在2次喂奶之间，开始的时候可用温开水稀释，第1天每次喝1汤匙，第2天每次2汤匙，直至第10天后，如果宝宝习惯十汤匙的量，之后就可以不用稀释。

至于果汁的制作，爸妈要选用当季的成熟、多汁水果，以保证果汁的新鲜度。制作果汁前要洗净自己的手，再将水果冲洗干净、去皮，把果肉切成小块状放入干净的碗中，用勺子背挤压果汁，或用消毒干净的纱布过滤果汁。爸妈也可直接用果汁机来制作果汁，既方便又卫生。制作好果汁后，在其中加少量的温开水，即可喂养婴儿。注意不要加热果汁，否则会破坏果汁中的维生素。

菜汁的制作原料则要选用新鲜、深色菜的外部叶子，洗净、切碎，放入干净碗中，再放入盛一定量开水的锅内蒸开，取出后将菜汁滤出，制作好的菜汁中可加少许盐再喂给宝宝。

母乳中所含的维生素D较少，不能满足婴儿的发育及需求。那宝宝要如何补充维生素D呢？维生素D主要是依靠晒太阳获得的，此外，食物中也含有少量的维生素D，其中又以浓缩的鱼肝油中含量较多。因此爸妈可在此时期为宝宝补充鱼肝油。

孕妇在孕晚期没有补充维生素D及钙质，婴儿非常容易发生先天性佝偻病，因此在出生两周后就要开始给婴儿添加鱼肝油。添加时应从少量开始，并要观察大便性状，有无腹泻发生。

副食品可有效帮助宝宝补充母乳中含量较少的营养，满足宝宝生长发育的需要。如菜汁与果汁不仅可以补充维生素及纤维素，还可以使大便变软，易于排出，而且果汁、菜汁较适合宝宝口味，让宝宝比较容易接受。需要注意的是，宝宝不愿意吃或吃了就吐时，就不要勉强喂。当宝宝出现腹泻的情况时也要终止喂果汁。

↑ 副食品如果汁，可以帮助补充宝宝不足的维生素。

宝宝照护问答

Question 01 哪种环境适合宝宝？

1~3个月的宝宝身体器官发育不完善，适应外界环境的能力很差，但宝宝对外界的任何事物都感兴趣。如何根据这些特点布置好宝宝周围的环境呢？

首先，婴儿居室应该采光充足、通风良好、空气新鲜、环境安静、温度适宜。宝宝的居室要经常彻底清扫，床上用品也要经常洗换，保持房间的清洁。

其次，1~3个月的宝宝喜欢看鲜艳的颜色。家长可在宝宝的小床周围放置一两件带有色彩的玩具，或在墙上挂带有人脸或图案的彩色画片。玩具和图画要经常变换，以吸引宝宝的注视。

另外，爸妈也可以针对宝宝的能力发展布置房间：例如创造一个时而安静，时而又有悦耳音乐的环境，让宝宝感到安全舒适。爸妈也必须维持一个没有杂声的环境，因为杂声会使宝宝感到惊恐不安，甚至损害宝宝的听力。没有杂声的环境对宝宝神经系统的正常发育非常有好处。另外，创造一个有语言的环境，也可为发展宝宝的语言能力打下基础。让宝宝习惯听语言，将来才能逐渐学会分辨语言，说出语言。所以，为了促进宝宝听觉的发展，家长必须注意创造良好的环境。

最后，室内的温度对宝宝的健康来说非常重要。房间温度在冬季宜保持在18℃，夏季则宜保持在28℃，春秋季节保持自然温度即可。室内温度不能忽高忽低。冬季开窗通风时要让宝宝离开通风的房间，注意不要让宝宝吹到对流风。

另外，湿度对宝宝的呼吸道健康至关重要，室内湿度应在40%~50%之间。如果湿度过低的话，宝宝呼吸道黏膜就容易干燥，从而很难抵抗外界的细菌病毒，宝宝患呼吸道疾病的概率因此会大大提高。可以将湿度计放在室内随时监测。

Question 02　溢乳怎么办?

　　出现溢乳情况的宝宝中,男宝宝居多。在1~2个月的宝宝中,有习惯性溢乳的孩子,通常是从出生后半个月养成溢乳习惯的。宝宝出现溢乳后,爸爸妈妈不要慌张,要先确认是生理性的还是病理性的。若生理性溢乳的宝宝在吐奶前没有异常的表现,即不需要治疗;病理性溢乳的宝宝吐奶前会有哭闹、挣扎、脸红等异常现象。若宝宝出现生理性溢乳,爸妈可以在每次喂奶后竖着抱宝宝来拍嗝,让宝宝把吸入的空气排出来。如果不能把吸入的气体拍出来,持续竖立抱10~15分钟,也可减少溢乳;若宝宝是病理性溢乳,则应该及时就医。

Question 03　如何帮宝宝洗手和洗脸?

　　随着宝宝的生长,小手开始喜欢到处乱抓,有时还把手放到嘴里。加上宝宝新陈代谢旺盛,容易出汗,因此宝宝需要经常洗脸、洗手。

　　首先,要准备专用清洁用具。给宝宝洗脸、洗手,一定要准备专用的小毛巾,专用的脸盆在使用前也一定要清洗干净。洗脸、洗手的水温不要太高,只要和宝宝的体温相近就行了。

　　再者,给宝宝洗手时动作要轻柔。因为这时的宝宝皮下血管丰富,而且皮肤细嫩,所以妈妈在给宝宝洗脸、洗手时,动作一定要轻柔,否则容易使宝宝的皮肤受到损伤甚至发炎。

　　此外,帮宝宝洗脸和洗手,要注意顺序和方法。给宝宝洗脸、洗手时,一般顺序是先洗脸,再洗手。妈妈或爸爸可用左臂把宝宝抱在怀里,或直接让宝宝平卧在床上,右手用洗脸毛巾沾水并轻轻擦洗,也可两人协助,一个人抱住宝宝,另一个人给宝宝洗。洗脸时注意不要把水弄到宝宝的耳朵里,洗完后要用洗脸毛巾轻轻擦去宝宝脸上的水,不能用力擦。由于宝宝喜欢握紧拳头,因此洗手时妈妈或爸爸要先把宝宝的手轻轻扒开,手心手背都要洗到,洗干净后再用毛巾擦干。一般来讲,此阶段的宝宝洗脸不要用肥皂,洗手时可以适当用一些婴儿香皂。洗脸毛巾最好放到太阳下晒干,可以借太阳光来消毒。

如何帮婴儿洗头和理发?

给宝宝洗头一般每天一次,在洗澡前进行。可根据季节适当调整,如在炎热的夏天,宝宝出汗多,可在每次洗澡时都洗一下头,但不用每次都用洗发精,只用清水淋洗一下就可以了。在寒冷的冬季可2~3天洗一次。宝宝洗头宜选用婴儿专用洗发精。洗头时,父母可把婴儿挟在腋下,用手托着婴儿的头部,然后用另外一只手为婴儿轻轻洗头。注意不要让水流到婴儿的眼睛及耳朵里面。洗完之后赶紧用干的软毛巾擦干头上的水分。

给宝宝理发可不是一件容易的事,因为宝宝的颅骨较软,头皮柔嫩,理发时宝宝也不懂得配合,稍有不慎就可能弄伤宝宝的头皮。由于宝宝对细菌或病毒的感染抵抗力低,头皮的自卫能力不强,所以宝宝的头皮受伤之后,常会导致头皮发炎或形成毛囊炎,甚至影响头发的生长。

宝宝第一次理发时,理发师的理发技艺和理发工具尤为重要。妈妈们一定要注意选择理发师,应了解理发师是否有经验,是否受过婴儿理发、医疗双重培训,是否使用婴儿专用理发工具,并在理发前已进行严格消毒。

每天都要帮宝宝洗澡吗?

洗澡对宝宝来说好处很多,不仅可以清洁皮肤,促进全身血液循环,保证皮肤健康,提高宝宝对环境的适应能力,还可以全面检查宝宝皮肤有无异常,同时能按摩和活动全身。

这个阶段的宝宝,可以把他完全放在浴盆中洗澡了,但要注意水的深度和温度,洗澡以清水最好。此外,即使是宝宝专用的沐浴产品也不是绝对安全、无刺激的,故用量宜少不宜多,也不能直接涂在宝宝身上或小毛巾上,正确的做法是直接滴入备好的清水中,稀释了再用。洗澡时间不宜过长,一般在10分钟左右。时间长了,宝宝会因体力消耗过多而感到疲倦。如果冬天洗澡的时间较长,要不间断地加热水以保持水温,以免宝宝着凉。洗完后用干浴巾包好宝宝上身,将他抱出澡盆,让浴巾吸干体表水分。切记不要用浴巾用力擦搓宝宝的皮肤。洗完10分钟后,给宝宝喂一些温水或奶,以补充流失的水分。

如何选择婴儿服？

　　爸爸妈妈在给宝宝挑选婴儿服的时候，不能图便宜，但也不是越贵越好，重点在于衣服的材质、款式、做工和品质。目前市场上的婴儿服多数都是纯棉的，爸爸妈妈要根据宝宝的月龄特点选择适当的款式。简单来说，为刚过满月的宝宝选购婴儿服要注意以下几点：

1.领口、袖口和裤脚都不能过紧，必须保证宝宝呼吸通畅，且要避免颈部湿疹和皮肤溃烂的发生。

2.不宜选有扣子的衣服，因为这样的衣服除了穿脱麻烦之外，还有可能伤到宝宝。

3.袜子口不能太紧，如果袜子口有橡皮筋的话最好拆掉它，否则会影响宝宝脚部的血液循环。

4.要仔细检查宝宝穿的衣服中是否有线头，特别是袜子。如果有的话要剪掉后再给宝宝穿，否则这些线头可能会对宝宝造成一定的伤害。例如，袜子里的线头有可能缠住宝宝的脚趾头，时间太长的话就会影响血液循环，造成脚趾坏死。

如何帮宝宝穿衣服？

　　很多宝宝不喜欢换衣服，所以应该尽量在他们的衣服弄脏或弄湿时再换。假如宝宝白天穿的衣服很干净，晚上便无须另外换睡衣。特别是最初的几个月，换衣时一定要保持房间的温暖，并且每次都应该先把宝宝抱到非常舒适的地方。

　　在换衣时，你的动作尽量轻柔、迅速，不要手忙脚乱。多加练习，动作自会慢慢熟练起来。倘若宝宝在光着身子时显得十分沮丧，可以给他披一条小毛巾，这样他会更加安心。在给宝宝穿衣时，如果坚持和他进行眼神的交流、聊天或给他唱歌，将大有帮助。等到宝宝再大一些时，你还可以将穿衣变成一项游戏，当你把睡衣从宝宝的头上摘下时，你可以和他玩躲猫猫的游戏。

　　在给宝宝穿背心或紧身衣裤时，尽量用手撑开衣物的领口。这会让你在把衣服往宝宝头上套时更加轻松，而且还能避免衣服刮到宝宝的鼻子或耳朵。套衣服时动作尽量快，因为宝宝不喜欢自己的脸长时间被遮住。如果是长袖衣服，应尽可能地把袖子往上拉拢。手指穿过袖子，轻轻握住宝宝的小手，将袖子往他的胳膊上套，而不要用力拉着宝宝的小胳膊往袖子里穿。穿好一只衣袖后用同样方法再穿另一只。穿连裤紧身睡衣时，先解开所有的扣子，将衣服平放在床上，把宝宝抱到衣服上来，轻柔而灵活地把裤脚穿到宝宝的脚上，按先前的方法再穿上衣袖，最后从脚部往上扣好衣扣。

Question 08　宝宝流口水怎么办？

流口水在婴儿时期较为常见。有些流口水是生理性的，有些则是病理性的，应加以区别，采取不同的措施，做好家庭护理。

生理性流口水：三四个月的婴儿唾液腺发育逐渐成熟，唾液分泌量增加，但此时孩子吞咽功能尚不健全，口腔较浅，闭唇与吞咽动作尚不协调，所以会经常流口水。而孩子长到六七个月时，正在萌出的牙齿会刺激口腔内神经，加上唾液腺已发育成熟，唾液大量分泌，流口水的现象将更为明显。不过，生理性的流口水现象会随着孩子的生长发育自然消失。

病理性流口水：当孩子患某些口腔疾病，如口腔炎、舌头溃疡时，口腔会十分疼痛，甚至连咽口水也难以忍受，唾液因不能正常下咽而不断外流。这时，流出的口水常为黄色或粉红色，有臭味。爸妈若发现这些情况，应带孩子去医院检查和治疗。

Question 09　如何防止宝宝睡偏头？

婴儿出生后，头颅都是正常对称的，但由于婴儿的骨质很软，骨骼发育又快，受到外力时容易变形。如果长时间朝同一个方向睡，受压一侧的枕骨就会变得扁平，出现头颅不对称的现象，最终导致头形不正而影响美观。

随着月龄的增长，婴儿的头部逐渐增大，而且头盖骨也愈来愈坚硬。在这个时期将决定婴儿的头部形状，因此要特别注意。为了防止宝宝睡偏头，妈妈要尽可能地哄着他，使他能够适应朝着相反的方向睡，也可以使相反一侧的光线亮一些，或者放一些小玩具，这样时间长了，宝宝就会习惯于朝着任何一个方向睡觉了。另外，宝宝睡觉习惯于面向妈妈，喂奶时也要把头转向妈妈一侧，因此，妈妈应该经常和宝宝调换位置，这样，宝宝就不会总是把头转向固定的一侧了。

Question 10　让宝宝含乳头睡觉好吗？

有些年轻妈妈为了哄婴儿睡觉，常常把乳头放在婴儿嘴里，让婴儿边吃奶边睡觉，结果，往往婴儿睡着了，嘴里还含着乳头，这种做法是不适当的。因为婴儿鼻腔狭窄，睡觉时常常口鼻同时呼吸，含乳头睡觉会有碍口腔呼吸，而且这种不良习惯还可能影响孩子牙床的正常发育以及口腔的清洁卫生。另外，如果母亲白天劳累，晚上睡得很熟，不自觉地翻身可能会压迫到睡在身旁含着乳头的婴儿，而婴儿本身又无反抗、自卫的能力，易造成窒息而死亡。经常让婴儿含着乳头睡觉，还容易使母亲的乳头裂开，并且容易养成婴儿离开乳头就睡不着觉的坏习惯。因此，不要让婴儿含着乳头睡觉。

Question 11　宝宝可以戴着手套睡觉吗？

宝宝出生后指甲也开始慢慢生长，但是宝宝很容易把自己的脸抓伤，有些妈妈就给宝宝戴上手套。戴手套看上去好像可以保护新生婴儿的皮肤，但从婴儿发育的角度看，这种做法直接束缚了孩子的双手，使手指活动受到限制，不利于触觉发育。此外，手套里面的线头若脱落，很容易缠住孩子的手指，影响手指局部的血液循环，如果没有及时发现，有可能引起新生儿手指坏死而造成严重后果。

Question 12　宝宝半夜不睡、哭闹怎么办？

有些宝宝在夜间会醒来多次，醒来后还啼哭不止，或者每次醒来必须吃奶，弄得妈妈和宝宝都睡不好。这些习惯都是平时养成的，家长可以尝试以下几种办法去慢慢调整宝宝的生活习惯：第一，督促宝宝有规律地睡眠。大多数宝宝睡不好都是因为习惯不好，没有形成生理时钟，如此一来就不会形成有规律的睡眠习惯，导致他们的醒和睡是不分白天和黑夜的；第二，养成良好的午睡习惯。宝宝是否午睡与晚上的睡眠品质有很大关系。不但夜间睡眠影响着午睡，同样，午睡时间过长或者睡得过晚也都不利于晚上顺利入睡；第三，宝宝夜哭时妈妈不要立刻抱起或者喂奶，可以用其他办法拖延一段时间，让宝宝安静下来，这样可以减少喂奶的次数；第四，在白天应该让宝宝吃饱、玩好；第五，对于吃配方奶粉的宝宝，可以用加水稀释的办法慢慢戒掉宝宝夜间吃奶的习惯。

Question 13　如何从排泄物看宝宝身体状况？

对于一个月左右的宝宝，训练大小便还为时太早，没有必要为此投入精力。不过，尽管宝宝不能控制大小便，但和新生儿期相比，这个月的宝宝小便次数已有所减少，并比较成泡了。如果使用尿布，会发现逐渐比较有规律了，大多数宝宝是在醒后排尿。

母乳喂养的宝宝大便次数仍然比较多，但每个宝宝不尽相同，有的可以排六到七次，有的排一到两次，个体差异越来越明显。如果是母乳喂养，大便大多呈黏稠的金黄色；配方奶喂养的孩子，大便大多呈黄白色，也有的呈黄色。宝宝大便可反映健康，不同宝宝之间差别很大。多数宝宝在每次喂奶之后不久即会排便，但一些母乳喂养的宝宝却很可能一个星期都没有排。不过，只要大便看上去正常，而且宝宝也没有什么不适，就不必过于担心。

1.正常的大便

宝宝第一次排出的大便应该是黑色或绿色，且看起来比较黏稠。这就是所谓的胎便，通常会在出生后几天之内排出。此后的大便一般会是黄色。不过，对于母乳喂养的宝宝来说，大便通常显得更松软。相比之下，用奶粉喂养的宝宝，其粪便多为深黄色或浅褐色，而且更为坚硬。

2.绿色的大便

某些婴儿配方食品会使宝宝的大便呈绿色。但是，如果大便细长而且散发恶臭，那么宝宝很可能已患上腹泻，应立即带宝宝去医院检查。如果用奶粉喂养，则短期内需要多给宝宝喝凉开水以代替婴儿配方食品，母乳喂养的宝宝则可以正常喂养。倘若宝宝喝下过多妈妈最开始分泌的较稀的乳汁，则很可能会因为摄入乳汁不足而排出松软的绿色粪便。为了避免出现这种情况，妈妈应尽量等宝宝吮吸完一侧乳房内的乳汁之后，再换另一侧乳房进行哺育。

3.小球形的褐色大便

如果排出这种粪便，表明宝宝已出现便秘。母乳喂养的宝宝一般不会出现便秘，因为母乳极易吸收；相反，奶粉喂养的婴儿则经常会出现此类问题。这时应该经常喂宝宝喝凉开水，并适当调整宝宝食品比例。

4.非正常的大便

婴儿排出深褐色或黑色的大便，且不是胎便的话，这可能意味着肠道出血，此时应尽快就医；如果粪便呈暗红色或血色，则可能意味着肠道阻塞，需要立即送宝宝去医院检查；如果呈现灰白色，则可能是患了黄疸，也应立即去医院进行诊断。

Question 14　宝宝常吃手指怎么办？

这个月龄的宝宝把手指头或整个小手放到嘴里吃是很正常的事，是智力发育的一种现象，这是宝宝运动能力的又一发展，同时也是一个认知世界的过程，爸爸妈妈不必过多干涉和纠正，也不用担心宝宝形成吃手的坏习惯。随着宝宝的慢慢长大、各种能力的发展提高，吃手的现象会逐渐消失。

Question 15　宝宝哭闹怎么办？

　　哭闹是宝宝与他人交流的一个重要方法。有些爸爸妈妈认为宝宝一哭就哄会惯坏宝宝，或者认为宝宝的哭闹没什么太多的感受，这是不对的。宝宝哭时，爸爸妈妈要注意观察，仔细听哭声的音质及音调，辨明哭的原因。通常，宝宝哭一阵就停一小阵，大多是由于饥饿、困了、大小便了、过冷、过热或蚊虫叮咬等引起的。一旦去除了这些因素，宝宝就会停止啼哭。如果是由于疾病而引起的哭闹，哭声有明显不同，宝宝可能会尖声哭、嘶哑地哭或低声无力地哭，有时候还伴有脸色苍白、神情惊恐等反常现象，甚至将宝宝抱起来后仍然啼哭不止，应立即去医院检查。

Question 16　宝宝发热怎么办？

　　这个月龄的宝宝如果发热度数不高的话，最好使用物理降温，尽量不要给宝宝吃药。可以用温水多给宝宝擦擦身子，特别是腋下、脖子和腹股沟的位置，进行物理降温，还可以用稍凉的毛巾给宝宝擦擦额头和脸部。发热伴有呕吐症状的宝宝会导致体内缺水，所以要保证母乳的量，可以在两次喂奶之间喂一次水。喝配方奶的宝宝则要减少每次喂奶的量，增加喂奶次数，奶嘴的孔不要太大，让宝宝慢慢喝。如果宝宝持续高热不退的话，就应该先到医院请医生诊断，然后根据医生指导服用相关的消炎药和退烧药。

Question 17

宝宝晒太阳要注意什么？

孩子满月以后，即可常抱出户外晒太阳。时间以上午9～10点为宜，此时阳光中的红外线强，紫外线偏弱，可以促进新陈代谢；下午4～5点时紫外线中的X光束成分多，可以促进肠道对钙、磷的吸收，增强体质，促进骨骼正常钙化。正常的日光浴时间以1～2小时为宜。或每次15～30分钟，每天数次。如发现宝宝皮肤变红，出汗过多，脉搏加速，应立即停止。

晒太阳时，应尽量暴露皮肤，让宝宝躺在床垫上，先晒背部，再晒两侧，最后晒胸部及腹部。开始时，每侧晒1分钟，以后逐渐延长。而且，不要隔着玻璃晒太阳。有的妈妈怕宝宝受风，常隔着玻璃让宝宝晒太阳，殊不知玻璃可将阳光中50%～70%的紫外线给阻拦在外，故而降低了日光浴的功效。如要避风，可选择背风地带。

Question 18

如何给宝宝的玩具消毒？

婴儿往往有啃咬玩具的习惯，所以应该经常给玩具消毒，特别是那些塑胶玩具，更应天天消毒，否则可引起婴儿消化道疾病。对不同的玩具应有不同的消毒方法，塑胶玩具可用肥皂水、漂白粉、消毒片稀释后浸泡，半小时后用清水冲洗干净，再用清洁的布擦干净或晾干。布制的玩具可用肥皂水刷洗，再用清水冲洗，然后放在太阳光下曝晒。耐湿、耐热、不褪色的木制玩具，可用肥皂水浸泡后用清水冲后晒干。铁制玩具在阳光下曝晒6小时可达到杀菌效果。

而且，由于婴儿爱将玩具放在口中，加之婴儿抵抗力低下，所以不要给婴儿玩一些不易消毒的或带有绒毛的玩具。

Question 19 频繁碰触宝宝的脸颊好吗？

看到婴儿粉嫩光滑的脸蛋，谁都忍不住想亲一亲、摸一摸，殊不知这样会刺激孩子尚未发育成熟的腮腺神经，导致其不停地流口水。如果擦洗、清洁不及时，口水流过的地方还会起湿疹，会令宝宝很难受。因此父母应从自己做起，避免频繁触碰孩子的脸颊。可用轻点孩子额头、下颌的方式来表达你的喜爱之情。

• •

Question 20 带宝宝旅行要注意什么？

爸妈带宝宝一起出去旅行，享受天伦之乐，是再幸福不过的事情了。但享受的同时，爸妈也要注意，必须要将宝宝可能需要遇到的物品全都带齐，否则出外之后要购买，可能会有一定的困难度，另外，也打坏出外游玩的兴致。

同时，也要注意爸妈在事先制订旅游计划的时候，必须要考虑到行程对宝宝来说适不适合，有些地方对宝宝来说是可能造成危险的，爸妈就要避免带宝宝前往。

需要提醒大家注意的是，到高气温地区或饮用水不清洁的地区旅行时，特别要注意卫生。旅行地的病毒不一定比居住地的病毒强烈，但是在旅行中，婴儿的抵抗力会有所下降，因此容易被细菌感染，因此不要忘记带杀菌工具。

Question 21　怎样选择放心奶粉?

　　无论什么牌子的奶粉,其基本原料都是牛奶,只是添加的维生素、矿物质、微量元素的含量不同,有所偏重。只要是国家批准的正规厂家生产、正规渠道经销的奶粉,适合孩子月龄的都可以选用。选用时要看清楚生产日期、有效期限、保存方法、厂家位址、电话、奶粉的成分以及含量等。最好选择知名品牌、销量好的奶粉,一旦选择,没有特殊情况尽量不要更换奶粉的种类,如果频繁换就会导致宝宝消化功能紊乱和喂哺困难。

Question 22　如何应对宝宝对奶粉过敏?

　　有的宝宝对奶粉的过敏反应较轻,在少量饮用时不出现过敏现象。对于这样的宝宝,在遇到过敏时,可以先试着停服奶粉2～4周,然后开始喂以少量奶粉,先喂10毫升,如未出现过敏现象,每隔几天增加5毫升,逐渐增加,找出不发生过敏反应的适用量,就可继续饮用了。有的宝宝可能这时候对牛奶过敏,但是当月龄渐大后,对牛奶就不再有过敏反应了。如果宝宝对牛奶过敏严重的话,可以尝试改用其他代乳食品,如羊奶。

Part 3
4~6个月的宝宝

经过了3个月的发育，宝宝又长大了一点。
经过了刚开始的阶段，在照护与饮食上，
爸妈要注意的事项都会与刚开始有所差异，
让我们一起来看看，4~6个月的宝宝需要什么样的照顾吧！

宝宝的生长发育

4～6个月的宝宝生长速度很快，仅次于最初的3个月，因此仍然需要大量的热量和营养素。

身高、体重

到满4个月时，男婴体重平均6.7千克，身长平均63.7厘米，头围约42.1厘米；女婴体重平均6.0千克，身长平均62.0厘米，头围约41.2厘米。满5个月的时候，男婴体重平均7.3千克，身长平均65.9厘米，头围约43.0厘米；女婴体重平均6.7千克，身长平均64.1厘米，头围约42.1厘米。满6个月时，男婴体重平均7.8千克，身长平均67.8厘米，头围约44.1厘米；女婴体重平均7.2千克，身长平均65.9厘米，头围约43.0厘米。

外观

在第4个月时，宝宝已逐渐成熟起来，显露出活泼、可爱的体态。因为头部的生长速度比身体其他部位快，宝宝的头看起来仍然较大。这十分正常，他的身体发育很快可以赶上。另外，后囟门将闭合。眉眼等五官则会"长开"，脸色红润而光滑，变得更可爱了。到第6个月，这个阶段的孩子，体格会更进一步发育，神经系统亦逐渐成熟。同时，宝宝差不多已经开始长乳牙了，通常是最先长出2颗下门牙，然后长出上门牙，再长出上侧切牙。

⬆ 此时的宝宝在外观上已显得较为成熟。

视觉能力

婴儿的视觉在第4个月时会变得更加灵活，视线能从一个物体转移到另外一个物体，并已经能够跟着在他面前半周视野内运动的任何物体。同时眼睛的协调能力也会加强，使他在视线跟着靠近和远离他的物体时的视野加深。另外，头眼协调能力进步，两眼随移动的物体从一侧到另一侧，移动180度，能追视物体，如小球从手中滑落掉在地上，他会用眼睛去寻找。到五个月时，宝宝才能开始辨别颜色，如识别红色、蓝色和黄色之间的差异，此外也会开始表现出对颜色的喜好，这时期的孩子通常喜欢红色或蓝色。除此之外，孩子的视力范围可以达到几米远，而且将继续扩展。他的眼球能上下左右移动，注意一些小东西，如桌上的小点心。当他看见母亲时，眼睛会紧跟着母亲的身影移动。

↑ 宝宝的视觉能力逐渐加强，已可以开始识别颜色。

听觉能力

在第4个月时，当有人与宝宝讲话时，他会发出咯咯咕咕的声音，好像在跟你对话；并可发出一些单音节，而且不停地重复，像是对自己的声音产生兴趣。此外，也能发出高声调的喊叫或发出好听的声音，如宝宝在高兴时会大声笑，笑声清脆悦耳。同时在语言发育和感情交流上进步也显著加快。到了第五个月，宝宝对各种新奇的声音都充满了好奇心，并学会了定位声源，如果从房间的另一边和宝宝说话，宝宝就会把头转向声音来源处。而且这时候的宝宝还对节奏韵律欢快的儿歌表现出明显的欢迎，并能随着节奏摇晃身体，能表现出节律感。到第6个月，这时候的宝宝听到声音时，能咿咿呀呀地回应；如果听到妈妈的声音，便会把头转向妈妈。虽然这时宝宝发出的声音还不是成熟的语言，但是宝宝明显能更好地控制声音了。另外，除了对声调、音量的不同有反应之外，对声音里蕴含的情绪也有所察觉，例如他会对责备的话语也有所反应。

语言能力

在第4个月时，宝宝喜欢与大人对话，也会自言自语，如宝宝会一边摆弄着手里的玩具，一边嘴里发出"喀……哒……妈"等声音，好像自己跟自己在说着什么似的。此时的宝宝能喊叫、轻语、大声笑、发出平稳哭泣声，也能对音调进行模仿。当宝宝躺着时，如果有物体从身体上方越过，宝宝便会立刻注意去看。且慢慢会区别颜色，偏爱的颜色依次为红、黄、绿、橙、蓝。第5个月时，宝宝的语言能力和模仿能力会更加提高。当宝宝高兴时，如果大人发出如"爸爸"、"妈妈"等简单音节的话，宝宝就会跟着模仿；如果爸爸妈妈呼唤他的名字，宝宝会注视着大人微笑；当有熟悉的人或玩具在宝宝面前时，宝宝也会对着人或玩具"说话"。到第6个月，宝宝会进入咿呀学语的阶段，对语音的感知更加清晰，发音更加主动，不经意间会发出一些不很清晰的语音。并且能明显地表现出与爸爸妈妈或是熟悉的家人的偏好，遇到陌生人，大多表现出不喜欢、不理睬，甚至哭闹拒绝的态度。

认知能力

宝宝在这时已经有一些自我认识了，他能意识到自己是脱离别人而存在的，并开始学会关注自己的同伴，如果给宝宝呈现一段他和别的宝宝一起活动的录像的话，宝宝对同伴注视的时间会长一些。这时的

⬆ 宝宝此时期会开始对同伴产生关注。

宝宝也知道，当他做出某个动作或行为时，妈妈会来安慰他，以上都是宝宝认知能力提升的象征。

到第5个月，宝宝的辨识能力和自我意识比第4个月更加地提升，可以辨认出熟悉和不熟悉的人。同时宝宝也开始有了与他人交流的欲望，并会对感兴趣的事物表现出期待的样子，上述2个特点会体现在宝宝表现出非常渴望得到大人关注、挥手或举手要人抱的行为。在被抱的时候，他还会紧紧趴在大人的身上。另外，宝宝慢慢开始学着逗趣，弄出声音打断大人的谈话。对于想拿走宝宝玩具的人，宝宝则会表现出明显的反抗。

到了第6个月，此时婴儿已能在镜子中发现自己，并喜欢与这个新伙伴聊天，而且照镜子时会笑，会用手摸镜中人。另外，婴儿已知道自己的名字，听到叫他的名字会有反应。这个阶段，宝宝处在"发现"阶段。并且，随着认知能力的发育，他很快会发现一些物品，例如铃铛和钥匙串，在摇动时会发出有趣的声音。当他将一些物品扔在桌上或丢到地板上时，可能启动一连串的听觉反应，包括喜悦的表情、呻吟或者导致物件重现或者重新消失的其他反应。这时宝宝可能开始故意丢弃物品，让你帮他捡起，这是他学习因果关系，并通过自己的能力影响环境的重要时期，爸妈要有耐心地帮助宝宝学习。另外，这个阶段也是宝宝自尊心形成的非常时期，所以父母要引起足够的关注，对宝宝适时给予鼓励，从而使宝宝建立起良好的自信心。

认知能力的逐渐提高，会让宝宝变得愈来愈好奇，并开始尽力探索这个世界，在安全的前提之下，爸妈要尽量让宝宝放手去学习，不过当他想做一些危险的事情或者干扰家庭成员休息的事情时，就必须加以约束。这时候爸妈可以通过用玩具或其他活动使孩子分心的方法来保护孩子。

情绪发展

宝宝在此时期的情绪能力亦正在发展。到第4个月时，宝宝会逐渐将注意力从父母转移到他人身上，会开始喜欢其他人。如果他有哥哥姐姐，当他们与他说话时，你会看到他非常高兴。如果听到街上或电视中有儿童的声音会扭头寻找。随着孩子长大，他对儿童的喜欢度也会增加。相比之下，宝宝对陌生人只会好奇地看一眼或微笑一下。

5个月大的宝宝是一个快乐的、令人喜爱的小人儿，微笑会随时在其脸上可见，如听到妈妈温柔亲切的话语时，就会张开小嘴咯咯地笑着，并把小手聚拢到胸前一张一合地像是拍手。除非宝宝生病或不舒服，否则，每天长时间展现的愉悦微笑都会点亮你和他的生活。宝宝表达情绪的能力提高也会进一步巩固宝宝与父母之间的亲密关系。

到第6个月时，不但在开心的时候会笑，宝宝在受惊或心情不好时也会哭，当妈妈离开时，宝宝就开始瘪嘴，似乎想哭，或者直接就哭起来了。如果宝宝手里的玩具被夺走，就会惊恐地大哭，仿佛被人伤害了似的。这时的宝宝情绪变化特别快，有可能刚才还哭得极其投入，转眼间又开始大笑。

⬆ 宝宝的笑容会常出现在脸上。

运动能力

宝宝在此时期通常已可以根据自己的意愿向四周观看，并可以用肘部支撑起头部和胸部。握抓能力已发展地很好，能将自己的衣服、小被子抓住不放；会摇动并注视手中的拨浪鼓。手眼协调动作也已开始出现。宝宝在此时也会自主地屈曲和伸直腿，尝试弯曲自己的膝盖，并会发现自己可以跳。爸妈若扶着宝宝腋下，宝宝可以站立一下下，不过马上就会不平衡。在爸爸妈妈的帮助下，宝宝会从平躺的姿势转为趴的姿势。平躺时，宝宝抬头会看到自己的小脚。趴着时，会伸直腿并可轻轻抬起屁股，但还不能独立地坐稳。

第5个月时，宝宝会有个新的变化，就是能够坐起来了！此时期的宝宝，能够更加任意地运用自己的肢体，双手协调性增强，并能够先后用两手同时抓住两块积木。如果用双手扶着宝宝腋下，宝宝能在床上或大人腿上站立2秒钟以上。宝宝仰卧时，如果在他的上方悬挂玩具，他能够伸手抓住玩具。

到了第6个月，这时的宝宝在俯卧时，能用肘支撑着将胸抬起，但腹部还是靠着床面，仰卧的时候喜欢把双腿伸直举高，亦能够用肚子贴在地上爬。另外，此时的宝宝也可以用一只手拿东西了，肢体活动能力明显增强，脚和腿的力量更大了，而且学会了用脚尖蹬地，同时身体还能不停地蹦来蹦去。且随着头部颈肌发育的成熟，此时宝宝的头能稳稳当当地竖起来了，并能够较为平衡地背靠枕头坐着。此时期的宝宝会开始不太愿意被横抱着，更喜欢大人把他们竖起来抱。

⬆ 增强宝宝运动能力。

宝宝的饮食

在此时期，宝宝需要的营养几乎都在母乳或配方乳里面了，妈妈可以适当添加副食品，让宝宝摄取更多样化的营养，以及让宝宝开始适应成人食物。

饮食与营养

此时期的宝宝每天每千克所需热量为462千焦左右。如果母乳充足的话，母乳喂养的宝宝此时仍然不需要添加任何的副食品，不过可以喂一些果汁来增加宝宝的饮食乐趣。

基本上，宝宝所需的营养都在母乳之中了。因此如果爸妈认为有需要额外补充营养素的话，所选的营养素剂型以经过微胶囊处理的为佳，因为该种制剂通过微胶囊将各元素分开，从而使各元素能分段吸收，避免了元素间的相互作用。不过一般情况下，母乳能满足6个月内婴儿所有营养素需要，而品质合格的配方奶也能提供大部分已知营养素，爸妈若想通过制剂补充营养，建议事先咨询医生。

比较需要注意的是，爸妈必须为6个月大的宝宝补充铁质，因为宝宝体内的铁质已快耗尽，加上母乳和牛奶中的铁也很难满足宝宝的成长发育所需。如果宝宝有缺铁倾向，可能会出现嘴唇、眼睑和手掌发白的情况，以及精神萎靡、食欲不振、恶心、呕吐、便秘等现象。

为避免上情况发生，从第6个月开始要添加富含铁质的副食品。最适合这个月龄宝宝的副食品还是蛋黄，因为蛋黄中的含铁量很丰富而且利于吸收。

母乳及配方奶喂养

母乳喂养的宝宝，在第4个月中喂奶次数是有规律的。一般每天可喂5次，每次间隔4小时，加上深夜的1次，共6次。不过，夜里的一次喂养是因宝宝而异的，有时候宝宝也可能一晚都不吃，妈妈没有必要刻意叫醒宝宝吃奶，否则反而会打扰宝宝的睡眠，还会影响宝宝的情绪。

接下来的第5个月，若宝宝体重增加正常，就可以继续母乳喂养，无须添加副食品。如果这个月母乳越来越少，宝宝与以前相比更容易因饥饿而啼哭的话，就可以先加1次配方奶；如果宝宝10天内体重只增加100克左右的话，就可以加2次配方奶。

若是因母乳不足或是其他原因而需要进行混合喂养，妈妈要注意量的控制，刚开始添加配方奶时，可以先在第1天吃奶的时间里喂1次配方奶，给宝宝150毫升配方奶，如果宝宝吃剩下20毫升的话就说明宝宝的食量较小，第2天就要适当减少给予配方奶的量了。如果宝宝一次就把150毫升配方奶吃光了，那么从第2天起，如果1天喂5次的话，每次可喂180毫升，如果1天喂6次的话，每天仍然可喂150毫升。如果还不够的话，还可以增加喂奶次数。

喝配方奶的宝宝食量因人而异，能吃的宝宝每天吃1000毫升配方奶好像还不够，而食量小的宝宝每天仅能吃500～600毫升就足够了。妈妈可以依宝宝食量做调整，但最多尽量不要超过1000毫升。对食量大的宝宝，可以加些果汁或稀释的乳酸饮料来控制增加奶量。

到第6个月，爸妈要小心控制宝宝的食量，许多过胖的宝宝都是在此时奠定肥胖的基础的。若是宝宝真的吃不饱，可以适量添加副食品，或是果汁、菜汁、汤类等。

副食品的添加

一般从4~6个月开始就可以给宝宝添加副食品了，但每个宝宝的生长发育情况不一样，因此添加副食品的时间也不能一概而论。因此我们提供以下几点指标，给爸妈作为添加副食品的参考：

· 体重：婴儿体重需要达到出生时的2倍，至少达到6千克。

· 发育：宝宝能控制头部和上半身，能够扶着或靠着坐，胸能挺起来，头能竖起来，宝宝可以通过转头、前倾、后仰等来表示想吃或不想吃，这样就不会发生强迫喂食的情况。

· 吃不饱：宝宝经常半夜哭闹，或者睡眠时间越来越短，每天喂养次数增加，但宝宝仍处于饥饿状态，一会儿就哭，一会儿就想吃。当宝宝在6个月前后出现生长加速期时，是开始添加副食品的最佳时机。

· 行为：如别人在宝宝旁边吃饭时，宝宝会感兴趣，可能还会来抓勺子、抢筷子。如果宝宝将手或玩具往嘴里塞，说明宝宝对吃饭有了兴趣。

· 吃东西：如果当父母舀起食物放进宝宝嘴里时，宝宝会尝试着舔进嘴里并咽下，宝宝笑着，显得很高兴、很好吃的样子，说明宝宝对吃东西有兴趣，这时就可以放心给宝宝喂食了。如果宝宝将食物吐出，把头转开或推开父母的手，说明宝宝不愿吃也不想吃。

此时父母一定不能勉强，隔几天再试试。

有些宝宝则是自己开始想吃副食品了，特别是看到大人吃饭时，他也会伸出双手表示想吃了，在此时期添加副食品是正确的。首先是因为宝宝此时需要的营养量更多了，因此需要更多的食物来源作补充；其次是为了让宝宝适应母乳以外的其他食物，为以后的断奶做好准备；再有就是锻炼宝宝的咀嚼和吞咽的能力。

妈妈要挑选宝宝喜欢的副食品，如果宝宝对某种副食品表示抗拒，喂到嘴里就吐出来，或用舌尖把它顶出来，或是用小手把饭勺打翻、把脸扭向一边的话，就表示宝宝可能不爱吃这种副食品。这时候妈妈不应强迫宝宝吃，可以先暂停喂这种食物，过几天后再试着喂一次，如果连续喂两三次宝宝都不吃的话，那么就应该换别的副食品。

另外，世界卫生组织建议，母乳哺育应维持6个月，加上副食品对宝宝来说还只是辅助的角色，因此即使已开始添加副食品，也尽量不要影响母乳喂养。

⬆ 副食品的添加为断奶做准备。

草莓富含维生素 C，对宝宝健康十分有益

草莓汁

材料 · · · · · · · · · · 做法 · · · · · · · · · ·

草莓 2 粒
开水适量

1 将草莓清洗干净，切除绿蒂，放入研磨体内研碎。

2 倒入过滤网中，用汤匙背压挤过滤，加入适量开水即可。

让宝宝从小爱上天然蔬果的新鲜味道

西红柿汁

材料 · · · · · · · · · 做法 · · · · · · · · · · · · · · · ·

西红柿 1 个
冷开水适量

1 先将洗净的西红柿去蒂，放入热水中焯烫，取出后去皮、切碎，放入研磨器中挤压出汁。

2 用过滤网滤出果汁。

3 最后再加入冷开水稀释即可。

樱桃特殊的酸甜滋味，让宝宝食欲大增

樱桃米糊

材料 · · · · · · · ·

白米粥 60 克
樱桃 3 个
水适量

做法 · · · · · · · ·

1 白米粥加适量水，放入搅拌器，搅拌成米糊。

2 樱桃洗净、去籽，捣成泥备用。

3 加热白米糊，并加入樱桃泥，拌匀即可。

胡萝卜被牛奶带出的天然甜味很得宝宝欢心

胡萝卜牛奶汤

材料 · · · · · · · ·

胡萝卜 1 块
冲泡好的牛奶
45 毫升

做法 · · · · · · · ·

1 胡萝卜洗净后，蒸熟，磨成泥。

2 将冲泡好的牛奶加热，放入胡萝卜泥，开小火，煮沸即可。

红薯的口感十分清爽
红薯米糊

材料 · · · · · · · · ·

白米糊 60 克
红薯泥 20 克
水适量

做法 · · · · · · · · ·

1 将白米粥加适量水，搅拌成米糊。

2 将红薯皮削厚些，切成适当大小，放入锅里蒸熟并捣碎。

3 加热白米糊，放入地瓜泥，用小火煮，搅拌均匀即可。

南瓜与板栗的绵密组合让粥品口感更好
南瓜板栗粥

材料 · · · · · · · · ·

白米糊 60 克
板栗 2 粒
南瓜 10 克

做法 · · · · · · · · ·

1 板栗蒸熟后，趁热磨碎。

2 将南瓜蒸熟，去籽、去皮，磨成泥备用。

3 米糊加热后，加入南瓜泥和板栗泥拌匀，以小火煮至沸腾即可。

宝宝在断奶初期尝试不同口感，可以增加食欲
豆浆红薯米糊

材料 ········· **做法**

白米糊 60 克
红薯 10 克
豆浆 50 毫升

1 红薯洗净、去皮，蒸熟后磨成泥。
2 锅中放入白米糊、豆浆、磨好的红薯泥，搅拌均匀，待煮沸时即完成。

菠菜的涩味焯烫后全部消失了
菠菜鸡蛋糯米糊

材料 ········· **做法**

糯米 10 克
菠菜 10 克
煮熟的蛋黄半个
水适量

1 洗净糯米，用水浸泡 1 小时。
2 洗净的菠菜用开水焯烫后，沥干水分备用。
3 把煮熟的蛋黄磨碎。
4 将糯米和菠菜一起放入搅拌器内，加适量水搅拌成糊，再放入锅中加热，最后加入蛋黄泥搅拌均匀即可。

胡萝卜营养丰富，有益于宝宝眼睛的健康发育

胡萝卜水

材料 · · · · · · ·

胡萝卜半根
沸水适量

做法 · · · · · · ·

1 胡萝卜洗净去皮，切成小块。

2 锅中注入适量沸水烧开，倒入胡萝卜块煮软。

3 关火盛出汤汁即可。

荸荠可以增强宝宝牙齿骨骼的发育

甘蔗荸荠水

材料 · · · · · · ·

甘蔗 1 小节
荸荠 3 个
水适量

做法 · · · · · · ·

1 甘蔗去皮洗净，剁成小段。

2 荸荠洗净，去皮，去蒂，切成小块。

3 锅中注入适量清水，放入荸荠块、甘蔗段，大火烧开后撇去浮沫。

4 小火煮至荸荠全熟，关火盛出即可。

4~6个月的宝宝辅食要从稀到稠

白菜胡萝卜汁

材料 · · · · · · · · · · **做法**

白菜叶3片
胡萝卜半根
水适量

1 白菜叶放入淡盐水中浸泡半小时，洗净，切成段；胡萝卜洗净，切成片。

2 锅中注入适量清水，放入白菜叶段、胡萝卜片同煮至软后捞出。

3 取榨汁机，放入煮软的食材，取适量汤汁，榨取汁水。

4 断电后过滤出白菜胡萝卜汁即可。

苹果不易引起宝宝过敏，添加辅食可从苹果汁开始

生菜苹果汁

材料 · · · · · · · · · · **做法**

生菜半颗
苹果1个
水适量

1 将生菜洗净，切成段，放入沸水中焯烫片刻后捞出。

2 苹果去皮，洗净，去核，切成小块。

3 取榨汁机，倒入苹果块和生菜段，加入适量温开水，榨取汁水。

4 断电，过滤出汁水即可。

宝宝照护问答

Question 01 宝宝口水多怎么办？

　　在孩子出牙时，流口水会很明显，这是正常的。如果孩子没有疾病，只是口水多，就不必治疗。如果孩子流口水过多，可给其戴上质地柔软、吸水性强的棉布围嘴，并经常换洗，使之保持干燥清洁。要及时用细软的布擦干孩子的下巴，注意不要用发硬的毛巾擦嘴，以免下巴发红，破溃发炎。随着婴儿牙齿出齐，学会吞咽，流口水的现象会逐渐消失。

Question 02 宝宝半夜哭闹怎么办？

　　当宝宝突然半夜哭闹时，爸爸妈妈可以检查看看宝宝有没有异常的症状。如果宝宝不发热，就知道不是中耳炎、淋巴结炎之类的炎症。

　　比较好哄的宝宝在夜啼的时候，妈妈把宝宝抱起来轻轻地晃两下，或是轻轻地拍拍、抚摸几下背部，宝宝就可以沉沉地睡去。比较难哄的宝宝可能怎么抱着哄都不管用，这时不妨把宝宝放到婴儿车里走上几圈，宝宝就能很快停止哭闹了。对于夜啼的宝宝，爸爸妈妈要有充分的耐心和信心，相信宝宝慢慢地长大，这种麻烦总会消失的。

Question 03　妈妈可以先帮宝宝把食物咬烂吗？

　　许多父母怕婴儿嚼不烂食物，吃下去不易消化，就自己先嚼烂后再给宝宝吃，有的甚至嘴对嘴喂，有的则用手指头把嚼烂的食物抹在宝宝嘴里。这样做是很不卫生的，因为大人的口腔里常带有病菌，很容易把病菌带入宝宝的嘴里，大人抵抗力较强，一般带菌不会发生疾病，而婴儿抵抗力非常弱，很容易传染上疾病。因此，婴儿不能嚼或不能嚼烂的食物最好煮烂、切碎，用小匙喂给婴儿吃。

Question 04　如何防止宝宝斗鸡眼？

　　婴儿出生后，身体的脏腑器官功能尚未发育成熟，有待进一步完善。眼睛也和其他器官一样，处于生长发育之中。因此，父母需特别注意对宝宝眼睛的保护。现实生活中，父母喜欢悬挂一些玩具来训练宝宝的视觉发育，但如果玩具悬挂不当就会出现一些问题。比如父母在床的中间系一根绳，把玩具都挂在这根绳子上，结果婴儿总是盯着中间看，时间长了，双眼内侧的肌肉持续收缩就会出现内斜视，也就是俗称的"斗鸡眼"。若把玩具只挂在床栏一侧，婴儿总往这个方向看，也会出现斜视。

　　因此，家长给婴儿选购玩具时，最好购买那些会转动的，并且可以吊在婴儿床头上的玩具，这样宝宝的视线就不会一直停留在一个点上。另外，宝宝的房间需要有一个令人舒适的环境，灯光不宜太强，光线要柔和。

Question 05　如何纠正宝宝吃手指的习惯？

　　根据临床观察，婴幼儿手指甲缝里虫卵的阳性检出率为30%左右，婴儿吸吮指头不但会不知不觉地感染上寄生虫病，而且还能导致反复感染难以治愈。因此，虽然婴儿吮吸手指是种正常现象，但是也要注意不能让婴幼儿频繁地吮吸手指，这样不但影响手指和口腔的发育，而且还会感染各种寄生虫病，所以应戒除婴儿频繁吮吸手指的习惯。另外，当宝宝将有危险或不干净的东西放入嘴里时，应立即制止，并用严肃的口气对小儿说"不行"，再将放入口的物品取走。宝宝会从成人的行为、表情和语调中，逐渐理解什么可进食，什么不可以放入口中。

- -

Question 06 宝宝食物过敏怎么办？

食物过敏最容易发生在婴幼儿身上，常造成父母喂养的困扰。食物过敏后人体各系统的常见表现不同。反映在消化道里的过敏就是腹痛、腹胀、恶心、呕吐、黏液状腹泻、便秘、肠道出血、口咽部痒等。反映在皮肤上则是荨麻疹、风疹、湿疹、红斑、瘙痒、皮肤干燥、眼皮肿胀等。还有可能引发呼吸道的异常，如流鼻涕、打喷嚏、鼻塞、气喘等，严重时，宝宝甚至会休克。反映在神经系统上则是暴躁、焦虑、夜晚醒来、啼哭、肌肉及关节酸痛、过于好动等。这些征兆比较细微，不容易被察觉。

母乳喂养的宝宝过敏发生率都比较低，但是如果发现宝宝有过敏，并且在进行母乳喂养，那么就应当改变妈妈的饮食，少吃过敏源，如牛奶蛋白、贝类、花生等。哺乳期间避免食用过敏的食物，如带壳海鲜、牛奶、蛋等，并且每天服用1500毫克的钙，以补充牛奶的摄取。

配方奶粉喂养的宝宝，如果发现有对牛奶蛋白过敏的风险，那么用普通牛奶配方奶粉喂养的时候，就会出现过敏症状。建议这种情况下应当选用水解蛋白配方奶粉进行喂养。

另外，给婴儿添加副食品要掌握由一种到多种、由少到多、由细到粗、由稀到稠的原则。每次添加的新食物应为单一食物，从少量开始，以便观察婴儿胃肠道的耐受性和接受能力，及时发现与新添加食物有关的症状，这样可以发现婴儿有无食物过敏现象，减少一次进食多种食物可能带来的不良后果。

Question 07   宝宝消化不良怎么办?

　　这一时期所谓的消化不良多数都是婴儿腹泻,主要是由细菌、病毒感染引起和饮食不当引起的。另外,这个月龄的宝宝由于开始正式添加副食品,所以大便可能会变稀、发绿,次数也会比以前多,有些在大便里还会出现奶瓣。

　　如果是由细菌引起的腹泻,主要是副食品制作过程中消毒不彻底,从而使当中的细菌进入宝宝体内所导致的,只要给予适量的抗生素就能解决问题。如果是病毒引起的腹泻,就要注意补充丢失的水和电解质,病毒造成的腹泻并不会持续很长时间,而且可以自然痊愈。如果是由于新添加的副食品引起的腹泻,宝宝通常没有什么异常表现,只是大便的性状与以前不同,只要给宝宝吃些助消化药并暂停添加那种副食品就可以了。如果因为一直没添加副食品而引起腹泻时,可以试着增添副食品,情况就有可能会好转。

Question 08   宝宝湿疹治不好怎么办?

　　湿疹多见于1~5个月的宝宝,而且以头部和面部为多。除了平日常吃的鱼、虾、鸡蛋会招致过敏、发生湿疹,穿用的衣被、肥皂、玩具、护肤品以及外界的紫外线、寒冷和湿热的空气以及摩擦等刺激都可能导致湿疹长期不愈。

　　对于母乳喂养的宝宝,妈妈要少吃鱼虾等容易过敏的食物以及辛辣刺激的食物,多吃水果蔬菜;喂养母乳以外的奶的宝宝,尽量给予配方奶而不要喝牛奶,同时注意补充足量的维生素。另外,妈妈要特别加强患湿疹的宝宝的皮肤护理,洗脸时要用温水,不要用刺激性大的肥皂。选用外用涂膏时,一定遵医嘱使用止痒、不含激素的药膏。

　　此外,到1岁之前都不能给宝宝喝黄豆浆,否则也会加重湿疹或使治愈的湿疹复发。一旦湿疹严重、发生有渗出或合并感染时,就要及时到皮肤科就诊。

　　大多数之前有湿疹的宝宝到了快5个月的时候,湿疹症状都会减轻甚至完全自愈。

Question 09 宝宝发热怎么办？

宝宝的前囟门在一岁半之前还未完全闭合，所以如果宝宝发热了，爸爸妈妈可以在宝宝睡着以后，用手心捂在其前囟门处直到宝宝微微出汗，这时宝宝鼻子通了，呼吸匀称了，温度也下降了，然后将宝宝叫醒，多喂宝宝一些温开水或红糖水。如果能用物理方法降温的话，就最好不要用药，最佳的办法还是用温水擦浴。不过如果宝宝在擦浴过程中有手脚发凉、全身发抖、口唇发紫等所谓寒冷反应，就要立即停止，必须先用退烧药物，降低温度。

Question 10 如何训练宝宝排便？

4个月以后，宝宝的生活逐渐变得有规律，基本上能够定时睡觉，定时饮食，大小便间隔时间变长，妈妈可以试着给宝宝把大小便，让宝宝形成条件反射，为培养宝宝良好的大小便习惯打下基础。

父母可以按照孩子自己的排便习惯，先摸清孩子排便的大约时间，与前几个月的方法一样，若发现婴儿有脸红、瞪眼、凝视等神态时，便可抱到便盆前，用嘴发出"嗯、嗯"的声音作为婴儿排便的条件反射。每天应固定在一个时间进行，久而久之婴儿就会形成条件反射，到时间就会大便。便后用温水轻轻洗洗，保持卫生。

宝宝排尿也是如此，如果宝宝定时定量吃奶，且只在洗浴后才喝果汁，而且一般排尿时间间隔较长，则定时排尿成功率较高。爸爸妈妈在训练宝宝排便时一定要耐心细致、持之以恒，进行多次尝试。每隔一段时间把一次尿，每天早上或晚上把一次大便，让宝宝形成条件反射，逐渐形成良好的排便习惯。排便时要专心，不要让宝宝同时做游戏或做其他事情。

Question 11 如何提升宝宝的视听能力？

父母要不断地更新视觉刺激，以扩大宝宝的视野。教宝宝认识、观看周围的生活用品、自然景象，可激发宝宝的好奇心，发展宝宝的观察力。还可利用图片、玩具培养宝宝的观察力，并与实物进行比较。

在听觉训练方面，可以锻炼宝宝辨别声响的不同。将同一物体放入不同制品的盒中，让孩子听听声响有何不同，以发展小儿听觉的灵活性，还可以培养宝宝对音乐的感知能力。音乐要以轻柔、节奏鲜明的轻音乐为主，节奏要有快有慢，有强有弱，让宝宝听不同旋律、音色、音调、节奏的音乐，提高对音乐的感知能力。另外，还可以让宝宝敲打一些不易敲碎的物体，引导小儿注意分辨不同物体敲打发出的不同声响，以提高小儿对声音的识别能力，发展对物体的认识能力。

家长可握着宝宝的两手教宝宝合着音乐学习拍手，也可边唱歌边教孩子舞动手臂。这些活动既可培养宝宝的音乐节奏感，发展孩子的动作，还可激发宝宝积极的情绪，促进亲子交流。

Question 12　如何训练宝宝的语言能力？

4~6个月的宝宝是连续发音阶段，能发的音明显增多。此时，千万不要以为宝宝还不会说话就不和他交流，因为这段时间进行语言技巧基础的培养是非常重要的。

1.模仿妈妈发音

妈妈与宝宝面对面，用愉快的语调与表情发出"啊啊"、"呜呜"、"喔喔"等重复音节，逗引宝宝注视你的口形，每发一个重复音节应停顿一下，给宝宝模仿的机会。也可抱宝宝到穿衣镜前，让他看着你的口形和自己的口形，练习模仿发音。

2.学说话

这个时期的宝宝虽然还不会说话，但他常常会发出一些单音节，有时像在自言自语，有时又像在跟父母交流。即使小宝宝还不会说这些词，父母也一定要对此做出反应，和宝宝一应一答地对话，以提高宝宝说话的积极性。

3.叫名字

用相同的语调叫宝宝的名字和其他人的名字，看是否在叫到宝宝的名字时他能转过头来，露出笑容，如果表现出此情况则表示他领会了叫自己名字的含义。

Question 13　如何训练宝宝的手部动作？

宝宝4个月后，手的活动范围就扩大了，家长可以给孩子一定的锻炼，训练手部的灵活性。如伸手够物，通过这一动作来延伸小儿的视觉活动范围，使小儿感觉距离、理解距离，发展手眼协调能力。其次，家长可以选择大小不一的玩具，来训练小儿的抓握能力，促进手的灵活性和协调性。

另外，通过游戏来教孩子玩不同玩法的玩具，如摇晃、捏、触碰、敲打、掀、推、扔、取等，使他从游戏中学到手的各种技能。

Question 14　什么时候让宝宝学走路？

由于婴儿发育刚刚开始，身体各组织十分薄弱，骨骼柔韧性强而坚硬度差，在外力作用下虽不易断折，但容易弯曲、变形。如果让小孩过早地学站立、学走路，就会因下肢、脊柱骨质柔软脆弱而难以承受超负荷的体重，不仅容易疲劳，还可使骨骼弯曲、变形，出现类似佝偻病样的O型腿或X型腿。

在行走时，为了防止跌倒，小孩两大腿需扩大角度分得更开，才能求得平衡，这就使得身体的重心影响了正常的步态，时间一长，便会形成八字步，即在行走时，呈现左右摇摆的姿势。

由此可见，让小孩过早站立、过早学走路，都不利于小孩骨骼的正常发育。因此，应遵循孩子运动发育的规律，并根据发育的状况，尽量不过早让孩子站立和走路，而一般应该在孩子出生11个月以后，再让其学走路为宜。

Question 15　　婴儿为何会腹痛?

　　有的婴儿啼哭起来十分有规律、时间很长,又没有明显的原因。这种情况下,宝宝可能是患有腹痛。约1/5的宝宝会患上这种疾病。没有人能确切地指出腹痛究竟是由什么引起的,但目前已经有许多理论上的研究。腹痛有时可能是因为宝宝对奶粉产生了过敏反应,而对于母乳喂养的宝宝,则有可能是对母亲吃的某种食物过敏。啼哭也可能是由胃酸反流或肠胃胀气导致的不适。然而,许多情况下,腹痛只是一个敏感的宝宝对于一天中所受的各种刺激所产生的反应。宝宝尚不成熟的神经系统负荷过重时,便会通过啼哭表现出来。

Question 16　　如何安慰腹痛的宝宝?

　　减少外部刺激——关掉灯、音乐和电视。然后采取下列措施:
　　(1)用一条薄毛毯或围巾包裹好宝宝。
　　(2)抱紧宝宝,用前臂捧起宝宝,轻轻按压宝宝的腹部。
　　(3)在宝宝耳边发出"嘘"声。
　　(4)把宝宝抱在怀里轻轻摇晃。
　　(5)让宝宝的小嘴含吸某物品,如你的小手指或者橡皮奶嘴。

Part 4
7~9个月的宝宝

进入零岁时期的中期，
在宝宝的照护上，爸妈应该已经渐渐进入状况。
接下来我们将指引爸妈注意更多的照护细节！

宝宝的生长发育

此时期的宝宝又长得更大了一些，囟门已经快要闭合了，牙齿也开始生长了。

生长发育

1.体重

满7个月时，男宝宝的体重为7.4～9.8千克，女宝宝的体重为6.8～9.0千克，本月可增长0.45～0.75千克；满8个月时，男宝宝体重为7.8～10.3千克，女宝宝体重为7.2～9.1千克，本月增长量为0.22～0.37千克；到了第9个月时，男宝宝体重为8.2～12.0千克，女宝宝体重为7.5～10.1千克。本月宝宝的体重有望增加0.22～0.37千克。

2.身高

满7个月时，男宝宝的身高为62.4～73.2厘米，女宝宝为60.6～71.2厘米，本月平均可以增高2厘米；满8个月时，男宝宝此时的身高为64.1～74.8厘米，女宝宝为62.2～72.9厘米，本月可增高1.0～1.5厘米；满9个月时，男宝宝身长为65.7～76.3厘米，女宝宝身长63.7～74.5厘米。

3.头围

满7个月时，男宝宝的头围平均为44.9厘米，女宝宝的头围平均值为43.9厘米，这个月平均可增长1厘米；满8个月时，男宝宝的头围平均值45厘米，女宝宝平均为43.8厘米，这个月平均增长0.6～0.7厘米；满9个月时，男宝宝的头围平均值45.4厘米，女宝宝平均为44.5厘米。

4.囟门

一般在第7个月，宝宝的囟门和上个月差别不大，还不会闭合，但已经很小了，多数在0.5～1.5厘米之间，也有的已经出现假闭合的现象，即外观看来似乎已经闭合，但若通过X射线检查其实并未闭合。如果宝宝的头围发育是正常的，也没有其他异常症状，没有贫血，没有过多摄入维生素D和钙剂的话，爸爸妈妈就不必着急。

5.牙齿

发育快的宝宝在第7个月月初已经长出了2颗门牙，到月末有望再长2颗，而发育较慢的宝宝也许这个月刚刚出牙，也许依然还没出牙。出牙的早晚个体差异很大，所以如果宝宝的乳牙这个月依然不肯"露面"的话，家长也不必太过担心。

能力增长

1.视觉能力

到第7个月，宝宝在视觉方面进一步的提高。他开始能够辨别物体的远近和空间；喜欢寻找那些突然不见的玩具。而第8个月，宝宝对看到的东西有了直观思维和认识能力，如看到奶瓶就会与吃奶联系起来，看到妈妈端着饭碗过来，就知道妈妈要喂他吃饭了；如果故意把一件物品用另外一种物品挡起来，宝宝能够初步理解那种东西仍然还在，只是被挡住了。开始有兴趣有选择地看东西，会记住某种他感兴趣的东西，如果看不到了，可能会用眼睛到处寻找。

到第9个月，宝宝学会了有选择地看他喜欢看的东西，如在路上奔跑的汽车，玩耍中的儿童、小动物，也能看到比较小的物体了。宝宝会非常喜欢看会动的物体或运动着的物体，比如时钟的秒针、钟摆，滚动的扶梯，旋转的小摆设，飞翔的蝴蝶，移动的昆虫等，也喜欢看迅速变幻的电视广告画面。

随着视觉的发展，宝宝还学会了记忆，并能充分反映出来。宝宝不但能认识爸爸妈妈的长相，还能认识爸爸妈妈的身体和穿的衣服。如果家长拿着不同颜色的玩具多告诉宝宝几次每件玩具的颜色，然后将不同颜色的玩具分别放在不同的地方，问宝宝其中一个颜色，那么宝宝就能把头转向那个颜色的玩具。

2.听觉能力

在第7个月，宝宝在听觉上也有很大进步，会倾听自己发出的声音和别人发出的声音，能把声音和声音的内容建立联系。

3.语言能力

满6个月后，家长参与孩子的语言发育过程变得更加重要，这时他开始主动模仿说话声，在开始学习下一个音节之前，他会整天或几天一直重复这个音节。能熟练地寻找声源，听懂不同语气、语调表达的不同意义。现在他对你发出的声音的反应更加敏锐，并尝试跟着你说话，因此要像教他叫"爸爸"和"妈妈"一样，耐心地教他一些简单的音节和诸如"猫"、"狗"、"热"、"冷"、"走"、"去"等词汇。尽管至少还需要一年以上的时间你才能听懂他咿呀的语言，但周岁以前孩子就能很好地理解你说的一些词汇。

满7个月后，孩子的发音从早期的咯咯声或尖叫声向可识别的音节转变。他会笨拙地发出"妈妈"或"拜拜"等声音。当你感到非常高兴时，他会觉得自己所说的具有某些意义，不久他就会利用"妈妈"的声音召唤你或者吸引你的注意。

这一阶段的婴儿，明显地变得活跃了，能发的音明显地增多了。当他吃饱睡足情绪好时，常常会主动发音，发出的声音不再是简单的韵母声 a 、e 了，而出现了声母音 pa 、ba 等。还有一个特点是能够将声母和韵母音连续发出，出现了连续音节，如 a-ba-ba、da-da-da 等，所以也称这年龄阶段的孩子的语言发育处在重复连续音节阶段。

除了发音之外，孩子在理解成人的语言上也有了明显的进步。他已能把母亲说话的声音和其他人的声音区别开来，可以区别成人的不同语气，如大人在夸奖他时，他能表示出愉快的情绪，听到大人在责怪他时，表示出懊丧的情绪。

此时婴儿还能"听懂"成人的一些话，并能做出相应的反应。如成人说"爸爸呢"，婴儿会将头转向父亲；对婴儿说"再见"，他就会做出招手的动作，表明婴儿已能进行一些简单的言语交流。能发出各种单音节的音，会对着他的玩具说话。能发出"大大、妈妈"等双唇音，能模仿咳嗽声、舌头"喀喀"声或咂舌声。孩子还能对熟人以不同的方式发音，如对熟悉的人发出声音的力量和高兴情况与陌生人相比有明显的区别。他也会用1~2种动作表示语言。

宝宝的饮食

这时适合宝宝的饮食除了原先的母乳及配方乳外，还可添加多种副食品，如蛋类、肉类、蔬菜及水果，帮助宝宝补充更全面的营养。

营养需求

这个月宝宝每日所需热量与上个月一样，仍然是每天每千克体重399千焦到420千焦，蛋白质摄入量为每天每千克体重1.5~3克，脂肪摄入量比上个月略有减少，每天摄入量应占总热量的40%左右。

从这个月起，宝宝对铁的需求量开始增加。6个月之前足月健康的宝宝每天的补铁量为0.3毫克，而从这个月开始应增加为每天10毫克左右。鱼肝油的需要量没有什么变化，维生素A的日需求量仍然是1300国际单位，维生素D的日需要量为400国际单位，其他维生素和矿物质的需求量也没有太大的变化。

补充锌和钙

婴儿缺锌，就会使含锌酶活力下降，造成生长发育迟缓、食欲不振，甚至拒食。当孩子出现上述症状而怀疑其缺锌时，应请医生检查，确诊缺锌后，在医生指导下服用补锌制品。

日常生活中最好的补锌办法是通过食物补锌。首先，提倡母乳喂养。其次，多吃含锌食物，如贝类海鲜、肉类、豆类、干果、牛奶、鸡蛋等。锌属于微量元素，因此补充应适量。

婴儿期正是身体长得最快的时期，骨骼和肌肉发育需要大量的钙，因而对钙的需求量非常大。如未

及时补充，两岁以下，尤其是一岁以内的婴儿，身体很容易缺钙。此外，早产儿、双胞胎及经常腹泻或易患呼吸道感染的婴幼儿，身体更容易缺钙。补钙的原则仍然是从食物中摄取，这样既经济又安全。

副食品添加

这个月的宝宝开始正式进入半断乳期，需要添加多种副食品。适合这个月龄宝宝的副食品有蛋类、肉类、蔬菜、水果等含有蛋白质、维生素和矿物质的食品，尽量少添加富含碳水化合物的副食品，如米粉、面糊等。同时，还应给宝宝食用母乳或牛奶，因为对于这个月的宝宝来说，母乳或牛奶仍然是他最好的食品。

此时给宝宝完全断奶还有些过早。一岁以内的宝宝应该以乳类食品为主，如果太早完全断奶的话，是不利于宝宝生长发育的。所以，如果宝宝在这个时候不爱吃母乳或牛奶，只爱吃副食品的话，可以多尝试着给宝宝喂几次牛奶，培养宝宝喝牛奶的习惯。

木瓜的甜美味道让宝宝不由自主爱上水果

木瓜泥

材料 ········ **做法** ·········

木瓜 50 克

1 将木瓜洗净，去籽、皮后，切成小丁。

2 放入碗内，然后用小汤匙压成泥状即可。

南瓜可与大多数的食材搭配食用，是非常理想的断乳食材

香橙南瓜糊

材料 ········ **做法** ·········

南瓜 20 克
柳橙汁 30 毫升

1 南瓜蒸熟后去皮，趁热磨成泥。

2 将南瓜泥与柳橙汁放入锅中搅拌均匀，煮开即可。

吸附软绵南瓜的面线，口感显得更为丰富

南瓜面线

材料

面线 50 克
新鲜南瓜 20 克
高汤适量
水适量

小叮咛

面线中的盐含量较多，应事先煮过一遍，去除多余盐分再行烹煮，切记不要再调味，避免宝宝摄取过多的盐，造成肾脏负担。

做法

1 南瓜去籽后，切丁，再放入电锅中蒸熟。
2 锅中加水煮开，再放入面线煮至软烂，捞出后，用剪刀剪成小段备用。
3 南瓜倒入锅中，加水和高汤，用中火边煮边搅拌，避免烧糊。
4 最后放入面线拌匀，再次煮开即可。

鸡肉对宝宝而言是很棒的断乳食材

红薯鸡肉粥

材料 ......

白米粥 60 克
红薯 20 克
鸡胸肉 15 克

小叮咛

鸡胸肉易消化吸收，其B族维生素含量很高，能恢复疲劳、保护皮肤；富含必需氨基酸，有助于宝宝成长发育和大脑活动。选购鸡肉时，以肉质结实弹性、粉嫩光泽为佳，需煮至熟透再食用。

做法

1 把鸡胸肉放入开水中煮熟后，捣碎，鸡肉汤留着备用。

2 切掉红薯头尾各3厘米，去皮后切块；把红薯块放入锅里蒸熟，趁热捣碎。

3 把鸡肉汤放入白米粥熬煮，煮开后改小火，放入捣碎的红薯和鸡胸肉，熬煮一会即可。

牛肉属于高蛋白食物，不宜
食用过量

牛肉菠菜粥

材料 · · · · · · · · · · · · · · · · · ·

白米饭 30 克
牛肉片 10 克
菠菜 2 ~ 3 片
水适量

小叮咛

牛肉可以提供人体所需的
锌，有强化免疫系统的功
能，也可以使伤口复元，还
使骨骼和毛发的营养最佳。

做法

1 牛肉去除脂肪后，剁碎；菠菜用开水焯烫后，切碎备用。
2 将白米饭加水熬煮成粥，再放入碎牛肉熬煮。
3 最后放入菠菜碎末搅拌均匀，稍煮片刻即可。

丰富的 DHA 提供宝宝脑部发育之所需

金枪鱼浓汤

材料

金枪鱼 20 克
菠菜 5 克
高汤 45 毫升
鲜奶 45 毫升
水淀粉 5 毫升
食用油适量

小叮咛

金枪鱼含有优质的EPA和DHA，前者可促进血液流通、预防动脉硬化、增加良性胆固醇和减少中性脂肪；后者可活化脑细胞，降低胆固醇及建立视网膜，都是对宝宝成长发育的极佳食材。选购金枪鱼时，若鱼肉呈现黄褐或黑褐，则表示不够新鲜，应该避免购买。

做法

1 金枪鱼煮熟后，切碎；菠菜去根，洗净后，取叶片部分切碎。

2 锅中热油，将菠菜、鱼肉碎略炒一下。

3 将炒好的食材倒入鲜奶和高汤中煮软，最后再加入水淀粉勾芡即可。

烹制时可将清水换成高汤，
味道会更美好哦

肉松鸡蛋羹

材料 · · · · · · · · · · · · · · ·

鸡蛋 1 个
肉松 30 克
葱花少许

小叮咛

鸡蛋营养丰富，富含优质蛋白和矿物质等成分，其中所含的氨基酸和卵磷脂易被人体吸收，对增强体质和促进大脑生长颇有益处。

做法

1 取茶杯或碗，打入鸡蛋，加入盐，注入 30 毫升清水，将鸡蛋打成蛋液。

2 封上保鲜膜，放入蒸锅，加盖，用大火蒸 10 分钟成蛋羹。

3 揭盖，取出蒸好的蛋羹，撕开保鲜膜，放上肉松，撒上葱花即可。

板栗的热量较高，给宝宝食用时不宜过量

栗子红枣羹

材料

金枪鱼 20 克
菠菜 5 克
高汤 45 毫升
鲜奶 45 毫升
水淀粉 5 毫升
食用油适量

小叮咛

红枣含有蛋白质、脂肪、粗纤维、糖类、有机酸、钙、磷、铁等多种维生素及其他物质，具有补中益气、健脾和胃等功效。

做法

1 栗子去壳、洗净，煮熟之后去皮，切成末；红枣泡软，去核，切成末。

2 锅中注入适量清水煮沸，倒入栗子、红枣，煮沸后转小火煮 5 分钟。

3 关火后盛出即可。

宝宝口腔黏膜脆弱，烹制时
易煮软些

时蔬羹

材料 ·

胡萝卜 20 克
莴笋 20 克
西芹 20 克

小叮咛

胡萝卜含有淀粉、葡萄糖、
胡萝卜素、维生素A、钾、
钙等营养成分，具有保护视
力、清理肠道、增进消化等
作用。

做法

1 胡萝卜洗净去皮，切成丁；莴笋去皮洗净，切成丁。

2 西芹择去老叶，洗净，切成丁。

3 锅中注入适量清水煮沸，倒入胡萝卜丁、莴笋丁、西芹丁，小火
慢慢煮至熟软即可。

可加入少许高汤，口感会更滑嫩

油菜蛋羹·

材料 ··············

鸡蛋 1 个
油菜叶 100 克
猪瘦肉适量
盐、葱、芝麻油各适量

小叮咛

油菜含有蛋白质、B族维生素、钙、锌、铁、锰、钾、磷等营养成分，具有保持血管弹性、提供人体所需的营养物质、促进消化等作用。

做法

1 油菜叶择去老叶，洗净，切成碎末；猪肉洗净，切成末；葱洗净，切碎。

2 鸡蛋磕入碗中，打散，加入油菜碎、肉末，再加入盐、葱末、芝麻油，搅拌均匀，制成蛋液。

3 蒸锅置火上，加适量清水煮沸，将混合蛋液放入蒸锅中，加盖，蒸 6 分钟左右，关火取出即可。

宝宝照护问答

Question
01 宝宝营养不良怎么办？

营养不良是由于营养供应不足、不合理喂养、不良饮食习惯及精神、心理因素所致。另外，因食物吸收利用障碍等引起的慢性疾病也会引起婴儿营养不良。

婴儿营养不良的表现为体重减轻，皮下脂肪减少、变薄。一般的腹部皮下脂肪先减少，继之是躯干、臀部、四肢，最后是两颊脂肪消失而使婴儿看起来似老人，皮肤则干燥、苍白松弛，肌肉发育不良，肌张力低。轻者常烦躁哭闹；重者反应迟钝，消化功能紊乱，可出现便秘或腹泻。

在治疗上，轻者可通过调节饮食促其恢复，重者应送医院进行治疗。

Question
02 宝宝出牙期的保健措施是什么？

婴儿在6个月以前没有牙齿，吃奶时靠牙床含住母亲乳头。到6个月左右，婴儿开始出牙，出牙是牙齿发育和婴儿生长发育过程中的一个重要阶段。

最早开始长的是下排的2颗小门牙，再来是上排的4颗牙齿，接着是下排的2颗侧门牙。到了2岁左右，乳牙便会全部长满，上下各10颗，总共20颗牙齿，就此结束乳牙的生长期。

婴儿出牙时一般无特别不适，但个别婴儿可出现突然哭闹不安、咬母亲乳头、咬手指或用手在将要出牙的部位乱抓乱划、口水增多等症状，这可能与牙龈轻度发炎有关。此时，母亲要耐心护理，分散婴儿的注意力，不要让他用手或筷子去抓划牙龈。若孩子自己咬破或抓破牙龈，可在牙龈上涂少量甲紫药水，一般不需服药。

　　婴儿出牙与给婴儿添加副食品的时间几乎一致，婴儿易出现腹泻等消化道症状，这可能是出牙的反应，也可能是抗拒某种副食品的表现，可以先暂停添加，观察一段时间就可知道原因。

　　家长应给婴儿多吃些蔬菜、果条，这样不但有利于改掉其吮手指或吮奶瓶嘴的不良习惯，而且还使牙龈和牙齿得到良好的刺激，减少出牙带来的痛痒，对牙齿的萌出和牙齿功能的发挥都有好处。另外，进食一些点心或饼干可以锻炼婴儿的咀嚼能力，促进牙齿的萌出和坚固，但同时也容易在口腔中残留渣滓，成为龋齿的诱因，因此在食后最好给婴儿一些凉开水或淡盐水饮服来代替漱口。

Question 03　宝宝也要做健康检查吗？

　　孩子的身体发育是不是正常，是否存在不健康的因素，应该怎样做才能提高健康水平，这些都是父母十分关注的问题。因此，带宝宝去做定期健康体检是非常必要的。除了对宝宝大动作发育、乳牙、视力、听力等测试外，还要进行血液检查，这是因为宝宝6个月之后，由母体储备的铁质已基本消耗殆尽。平时父母要注意观察宝宝的脸色、口唇、皮肤黏膜是否红润或苍白。在及时添加营养副食品时，可选购一些营养米粉，同时还需在医生的指导下补充铁剂，以免发生缺铁性贫血。

　　在健康体检中还需要检测宝宝的动作发育情况，其中包括观察宝宝是否会翻身，是否会坐稳；检测视力看其双眼是否对红、黄颜色的物品和玩具能注视和追随。检测听力时，观察宝宝的头部和眼睛是否能转向并环视和寻找发音声源。

　　另外，还需对宝宝的智力发育做出评估，并从保健医生处得到科学育儿的知识指导，以促进宝宝长得更健康。

如何防止宝宝摔倒？

生活中不管你有多细心，宝宝都可能会在不经意间摔倒。身体受伤，这种伤痛很难避免，而妈妈们能做的就是将宝宝摔伤的次数降到最低。

防止宝宝摔倒的最好办法就是给他开放的空间。把房间收拾干净，将所有危险物品拿开，把宝宝能搬动、爬得上的桌椅藏起来，最好不要靠窗摆放。带宝宝出去玩时，一定要避开人多、车多的地方，以免被突如其来的行人和车辆撞倒。婴儿行走的路面要平坦，最好是草地或土地。宝宝玩耍时应避开剧烈运动和超前运动，另外，父母需为宝宝选择舒适合脚的鞋子。

宝宝摔伤了，首先要检查皮肤有无裂口出血，有无骨折的征象。如果宝宝轻度摔伤，比如擦破了点皮或流一点点血，妈妈不要惊慌。这时你需要用清水清洗伤口，直至洗干净为止，然后可以涂上一点碘酒或碘伏消毒。一旦宝宝磕掉了牙或摔得鲜血直流，最好不要耽误时间，应赶紧把孩子送往医院，给予及时的治疗。

· ·

如何给宝宝擦澡？

擦澡是帮助宝宝锻炼的一种形式，室温应保持在18～20℃，水温在34～35℃，以后逐渐调为26℃左右。最好选择中午或下午，在婴儿情绪较好和无疾病的情况下进行。在擦澡时婴儿不可空腹或过饱，空腹不耐寒冷，过饱可因擦澡的按压而引起呕吐。

擦澡须采取循序渐进的方法，即擦拭面积的大小应逐日递增，先局部，后全身，以免婴儿产生不适；未擦拭的部位用浴巾包裹，擦拭过的部位可暴露在空气中。擦澡时力度不能过大，以皮肤微微发红为宜；应快速来回反复擦拭，以产生热量，特别是在心前区、腹部、足底部。脐带未脱落前禁止擦拭脐部。

擦澡的时间以10~20分钟为宜，时间不能太长，若婴儿哭闹严重，应停止擦澡，寻找原因。家长可以在擦澡时在孩子周围挂一些游动彩球或彩纸条束，锻炼孩子的颈部和眼睛。同时，可用玩具的响声训练孩子的反应能力。

Question 06　如何判断宝宝正在长牙？

以下是宝宝长牙的常见现象。

（1）流口水

这一阶段的宝宝会分泌更多的口水，所以流口水的现象会比平时更多。很多宝宝还会经常流鼻涕。

（2）痛苦与易怒

疼痛会使宝宝易怒，可能比平时更任性。

（3）啃东西

在牙龈上施加一定的压力能缓解疼痛，所以宝宝会主动寻找任何东西（包括你身体的各部位）来啃咬。在第一颗牙长出以前，宝宝还会时常咬自己的下嘴唇。

（4）牙龈肿痛

脸颊的一面红肿而且凹凸不平。

（5）发热

长牙时宝宝容易出现低烧现象，特别是在晚上。

（6）皮疹

许多宝宝在长牙时会有拉稀的现象，并且很容易生皮疹。

（7）失眠

与平时相比，宝宝半夜醒来的次数会更多。

你应该更谨慎一些，不要将长牙时的一些现象与真正的疾病相混淆。如果宝宝出现发热、疼痛、皮疹、腹泻等症状，仍需立即带宝宝去看医生。

Part 5
10 ~ 12个月的宝宝

宝宝即将脱离零岁时期，要进入一岁了！
这对爸妈或是宝宝来说，无疑都是一个纪念性的里程碑。
在零岁的最后一个阶段，对宝宝的呵护又有什么要注意的呢？

宝宝的生长发育

宝宝终于要满周岁了！这时候的宝宝，不管在外观、体型，或是运动机能方面，都与新生儿时期相比成长了许多。

身高与体重

男宝宝在满10月时，体重9.22～9.44千克，高72.5～73.8厘米；女宝宝重8.58～8.8千克，身高71.0～72.3厘米。本月宝宝体重将增加0.22～0.37千克，身高仍和上个月一样，增长1～1.5厘米。到满11月时，宝宝身高增长速度与上个月一样，平均增长1.0～1.5厘米，男宝宝的平均身高是73.08～75.2厘米，女宝宝为72.3～74.7厘米；体重的增长速度也与上个月一样，平均增长0.22～0.37千克，男宝宝的平均体重是9.44～9.65千克，女宝宝为8.50～9.02千克。满12月时，男宝宝平均身高是73.4～88.8厘米，女宝宝71.5～77.1厘米，宝宝在这一年大约会长高25厘米。

头围

满10月时，宝宝的头围增长速度依然和上个月一样，平均一个月增长0.67厘米。大部分宝宝到了这个月，已经很难看到前囟搏动了。此外宝宝在这个月将长出4～6颗乳牙。

满11月时，头围的增长速度仍然是每月0.67厘米，越来越多的宝宝此时前囟已经快要闭合，但依然还有些宝宝的囟门依然很大。

满12月时，宝宝的头围增长速度和上个月一样，依然是0.67厘米。一般情况下，全年头围可增长13厘米。满周岁时，如果男宝宝的头围小于43.6厘米，女宝宝的头围小于42.6厘米，则认为是头围过小，需要请医生检查，看发育是否正常。

视觉发展

在满10个月时，宝宝的眼睛开始具有观察物体不同形状和结构的能力，成为认识事物、观察事物、指导运动的有力工具。从这个月开始，宝宝会通过看图画来认识物体，并很喜欢看画册上的人物和动物；同时，宝宝还学会了察言观色，尤其是对爸爸妈妈的表情有比较准确地把握，如果大人对着宝宝笑，他就明白这是在赞赏他，他可以这么做。但这时的宝宝还不具备辨别是非的能力。

听觉发展

在满10月时，宝宝的声音定位能力已发育很好，有清楚的定位运动，能主动向声源方向转头，也就是有了辨别声音方向的能力。

语言发展

在满10月时，大部分的宝宝都能准确理解简单词语的意思，也会叫"爸爸、妈妈、奶奶、姑姑"等发音简单的词句，通常，女宝宝开口说话要比男宝宝早一些，而且语言表达的能力也强一些。但无论如何，此时的宝宝能开口说话还是很少的，不断地无意识地发出一些简单的音节是这个月宝宝的特点。

随着语言能力的不断增强，宝宝的联想能力也在增强，比如宝宝看到小狗，就会想起"汪汪"等，对于生活中见到的东西已经能够去想它的读音了。

满11个月的宝宝，能准确理解简单词语的意思。在大人的提醒下会喊爸爸、妈妈；会叫奶奶、姑、姨等；会做一些表示词义的动作，如竖起手指表示自己一岁；能模仿大人的声音说话，说一些简单的词。宝宝还可正确模仿音调的变化，并开始发出单词的声音。

同时，宝宝也能很好地说出一些难懂的话，对简单的问题能用眼睛看、用手指的方法做出回答，如问他"小猫在哪里"，孩子能用眼睛看着或用手指着猫。喜欢发出"咯咯"、"嘶嘶"等有趣的声音，笑声也更响亮，并喜欢反复说会说的字。能听懂3～4个字组成的一句话。

到了零岁的最后一个月时，此时宝宝对说话的注意力日益增加。能够对简单的语言要求做出反应。对"不"有反应。会利用简单的姿势，例如摇头代替"不"。会利用惊叹词，例如"oh-oh"。喜欢尝试模仿词汇。

这时虽然孩子说话较少，但能用单词表达自己的愿望和要求，并开始用语言与人交流。已能模仿和说出一些词语，所发出的一定的"音"开始有一定的具体意义，这是这个阶段孩子语言发音的特点。

孩子常常用一个单词表达自己的意思，如"外外"，根据情况，可能是表达"我要出去"或"妈妈出去了"；"饭饭"可能是指"我要吃东西或吃饭"的意思。

运动能力

在满10月时，宝宝的手的动作灵活性明显提高，能够使用拇指和食指捏起东西，还能玩各种玩具，能推开较轻的门，拉开抽屉，或是把杯子里的水倒出来等。

这时的宝宝已经可以平稳地坐在地板上玩耍，也能毫不费力地坐到一个较矮的椅子上；有的宝宝已经会单手扶着床沿走几步，会推着小车向前走；还可以执行大人提出的简单要求，懂得用面部表情、简单的语言和动作与大人交流。

到了第11月，宝宝已经能牵着家长的一只手走路了，并能扶着推车向前或转弯走。还会穿裤子时伸腿，用脚蹬去鞋袜。还可以平稳地坐着玩耍，能毫不费力地坐到矮椅子上，能扶着家俱迈步走。

这时勺子对孩子有了特殊的意义，他不仅可以将其用作敲鼓的鼓槌，还可以自己用勺子往嘴里送食物。此外，孩子能仔细观察大人无意间做出的一些动作，头能直接转向声源，也是词语—动作条件反射形成的快速期。

这时期的孩子懂得选择玩具，逐步建立了时间、空间、因果关系，如看见母亲倒水入盆就等待洗澡，喜欢反复扔东西再拾起来等。

到了第12月，一周岁的宝宝本领越来越大了。这时的宝宝已经能够独自站立，并且不用大人挽扶着也能走几步了，绕着家俱走的行动也更加敏捷，弯腰、招手、蹲下再站起的动作更是不在话下。有些走路早的宝宝在这个时候已经可以自己走路了，尽管还不太稳，但对走路的兴趣很浓，并且在走路时双臂能上下前后运动，能牵着大人的手上下楼梯。

宝宝的饮食

此时宝宝除了母乳或是配方奶的喂养外，更要以副食品为主要营养来源。爸妈可以提供体积小的固态食物，让宝宝逐渐习惯成人饮食。

营养需求

这个月宝宝的营养需求和上个月相比没有大的变化，注意添加补充足量维生素C、蛋白质和矿物质的副食品，还要通过牛奶补充足够的钙质，通过动物性副食品如瘦肉、肝脏、鱼类等补充必需的铁质。

母乳喂养

大多数宝宝到了9个月以后，乳牙已经萌出4颗，消化能力也比以前增强，可以进食的种类也越来越多。如果此时母乳充足的话，除了早晚睡觉前喂点母乳外，白天应该逐渐停止喂母乳。吃母乳的宝宝多数在添加副食品上都会遇到一些困难，所以此时要特别掌握好喂母乳的时间。

配方奶喂养

对于配方奶喂养的宝宝，此时配方奶仍应保证每天500毫升左右，如果宝宝不爱喝配方奶的话，少喝一点也没关系，只要将肉蛋类等富含蛋白质的副食品跟上即可。如果宝宝爱喝配方奶，就可以多加蔬果类的副食品，蛋白类的副食品少加，但注意每天摄入的牛奶最多不能超过1000毫升。

这个月宝宝的中餐、晚餐应以副食品为主，副食品可以是软饭、瘦肉，也可在稀饭或面条中加肉

末、鱼、蛋、碎菜、土豆、胡萝卜等，量应比上个月增加，可以做得稍微大一些、质要硬一些，以锻炼宝宝咀嚼的能力，促进牙齿的发育。除了副食品之外，还应开始在早午饭中间增加饼干、烤馒头片等固体的小点心。

副食品的给法

9～10个月宝宝副食品要逐渐增加，以满足宝宝的营养需求。这个时期应该给宝宝增加一些土豆、红薯等含糖较多的根茎类食物和一些粗纤维的食物，来促进宝宝的肠胃蠕动和消化。

另外，这时宝宝已经长牙，有了咀嚼能力，所以可以给宝宝啃一些比较粗粒的食物，有些片状的食物也可以，但不能给宝宝糖块吃。这时的宝宝也不用再给果汁了，可以让宝宝直接吃西红柿、橘子、香蕉等，苹果可以切成片，草莓可以磨碎。

这个月要停止给宝宝喂泥状食物。如果给宝宝长时间食用泥状的东西，宝宝会排斥需要咀嚼的食物，而愈来愈懒得运用牙齿去磨碎食物。这对于摄取多样化的营养成分，以及对宝宝牙齿的发育，有很大的影响和阻碍。

让宝宝尝试不同的食物，练习咀嚼及吞咽能力

肉丸子

材料

猪绞肉 35 克
葱花少许
鸡蛋半个
生粉 2 克
蕃茄酱 8 克
食用油适量
水淀粉适量

小叮咛

猪肉中所含的维生素B₁,是牛肉10倍之多，但猪肉油脂成分较高，作为断乳食须慎选较瘦的部位使用。不喜欢粥品的宝宝，在断乳后期可给予较软的饭，若是宝宝会用牙龈咀嚼，便可以给予少许的固态食物，训练宝宝咀嚼与吞咽的能力。

做法

1 将鸡蛋打散后，加入猪绞肉、葱花和生粉混合搅拌，做成小肉丸子。

2 热油锅，放入小肉丸子半煎炸至金黄色为止。

3 小锅内放入蕃茄酱，加进水淀粉勾芡，再将芡汁淋在炸好的肉丸子上面即可。

烹调牛肉时，建议以炒、焖、煎的方式来保持原有营养素

生菜牛肉卷

材料 · · · · · · · · · · · · · · · · ·

生菜叶 2 片
牛肉 50 克
鸡蛋 1 个

小叮咛

牛肉可提供人体所需的锌，强化免疫系统，提升免疫力，还富含蛋白质，对于生长发育中的宝宝非常有益。

做法

1 生菜叶洗净、焯烫，沥干后备用。

2 牛肉洗净后剁泥；鸡蛋打散后，将蛋液抹在生菜叶上。

3 将牛肉泥铺在生菜叶上做成生菜卷，再放入蒸锅中蒸熟。

4 最后取出蒸熟的生菜牛肉卷，切成小段即可。

油麦菜的碘及氟含量都很高，有利于宝宝牙齿及骨骼的生长发育

排骨炖油麦菜

材料

排骨 50 克
油麦菜 30 克
葱 1 根
盐适量

小叮咛

油麦菜含钾量高，有利于促进排尿、维持水平衡，对宝宝的新陈代谢有很大助益。

做法

1 葱洗净后，一半切成葱段，一半切成葱丝。

2 排骨洗净、剁块，与葱段一起放入装有清水的锅中炖汤。

3 将油麦菜去皮、切块。

4 待排骨煮软，再把切好的油麦菜放进汤里，续煮至软烂。

5 最后加入少许盐调味即可。

油菜和猪肉末让宝宝摄取到
均衡营养

鲜肉油菜饭

材料 · · · · · · · · · · · · · · ·

白米饭 30 克
猪肉末 20 克
油菜 10 克
高汤 75 毫升

小叮咛

猪肉能够提供宝宝所需的蛋
白质、脂肪、维生素及矿物
质，以修复组织、加强免疫
力、保护器官功能。油菜则
具有强化胃肠的功效。肉类
吃多容易造成脂肪、胆固
醇过高，但是摄取不足也会
产生营养不良的副作用，因
此肉类搭配蔬菜有互补的作
用，可摄取到均衡的营养。

做法

1 猪肉取无脂肪的部分，剁碎备用。

2 油菜洗净，切碎。

3 锅里倒入高汤及白米饭煮沸，再放入猪肉末，用大火稍煮片
  刻，再改用小火继续熬煮。

4 待肉末全熟后，放入油菜末搅拌均匀，等汤汁稍微收干即可。

嫩豆腐最好是放在筛子里，并在
水中浸泡片刻，再取出、沥干，
较不易碎裂

苹果牛肉豆腐

材料 · · · · · · · · · · · · · · · · · · ·

嫩豆腐 80 克
苹果 25 克
牛绞肉 10 克
水 200 毫升
食用油少许

小叮咛

苹果营养价值极高，能够保
护成长期宝宝的视力和促进
发育。

做法

1 嫩豆腐放在筛子上沥干后，切小块；苹果削皮后，切小丁。

2 热油锅，放入碎牛肉拌炒，再放入嫩豆腐、苹果和少量水一起
  烹煮。

3 煮沸后转小火焖煮，待汤汁所剩无几，关火即可。

处理山药时可放入点白醋，以
免山药变色

山药菠菜汤

小叮咛

菠菜含有维生素A、B族维
生素、维生素C、膳食纤
维、叶酸、铁、磷、锌等营
养成分，具有理气补血、通
肠胃、调中气等功效。

做法

1 用刮刀刮去山药表皮，洗净，切薄片；菠菜择好，去掉老叶，
洗净，切段。

2 汤锅置于大火上，加入适量清水烧开，放入山药片，煮 20 分
钟左右。

3 放入菠菜段，煮熟，关火后盛出即可。

坚果可干炒片刻，味道会更香甜

花生核桃粥

材料 · · · · · · · · · · · · · · · · · ·

花生 20 克
核桃 3 个
大米 50 克

小叮咛

核桃仁营养价值较高，含有蛋白质、维生素A、维生素B1、维生素B2、糖类、钙、磷、铁等成分，具有补肾助阳、补肺健肺、润肠通便等功效。

做法

1 花生剥去红衣，洗净；核桃去皮，掰成小块。

2 锅中注入适量清水煮沸，倒入大米，大火煮沸后转小火煮熟。

3 倒入花生、核桃，搅拌均匀，稍煮片刻至食材入味，关火盛出即可。

肉松非常开胃，是宝宝必备
的营养下饭菜

肉松软米饭

材料

肉松 20 克
软饭 190 克
葱花少许
盐 2 克

小叮咛

肉松富含蛋白质、脂肪、
碳水化合物，可补充人体所
需的营养，维持人体营养平
衡，能提高身体的免疫力，
保持身体健康，适合处于发
育期的宝宝食用。

作法

1 汤锅中注入适量清水，用大火烧热。

2 加入适量盐，倒入部分肉松，用勺子搅拌均匀。

3 放入软饭，搅散，拌匀煮至沸，撒入部分葱花拌匀，将锅中材
　料盛入碗中。

4 放入肉松，撒上余下的葱花即可。

鸡肉丝可多腌制片刻，会更鲜嫩多汁

鸡肉丝炒软饭

材料

鸡胸肉 80 克
软饭 120 克
葱花少许
盐、鸡粉各 2 克
水淀粉、生抽各 2 毫升
食用油适量

小叮咛

鸡肉含有较多的蛋白质、糖、钾、钙、磷、铁等成分，其中磷是构成骨骼和牙齿的重要成分。食用鸡肉，可以保证幼儿对磷的摄入，能有效预防软骨病或佝偻病。

作法

1 将鸡胸肉切成丝，装入碗中，放入少许盐、水淀粉，拌匀，再加入食用油，腌渍 10 分钟。

2 用油起锅，倒入鸡肉丝，翻炒至转色。

3 加清水搅匀煮沸，加入适量生抽、鸡粉、盐，搅匀调味，倒入软饭，快速翻炒松散，放入葱花，拌炒匀即可。

豆腐、鸡蛋都是高蛋白食材，
且味道鲜美好做

豆腐蛋花羹

材料 · · · · · · · · · · · · · · · ·

鸡蛋 1 个
南豆腐 100 克
骨头汤 150 克
小葱末适量

小叮咛

豆腐是有名的"植物肉"
营养全面，富含优质蛋白
质，还含有B族维生素、
维生素E、钙、磷、镁等
营养成分，能帮助宝宝健
康成长。

作法

1 鸡蛋打入碗中，打匀打散；豆腐捣碎。

2 骨头汤倒入锅中，大火煮开，倒入豆腐小火煮熟。

3 倒入鸡蛋液，煮熟，最后点缀上小葱末即可。

虾肉蛋白质丰富，是增强免疫力的好食材

虾丸青菜汤

材料 · · · · · · · · · · · ·

虾仁 100 克
青菜 20 克

小叮咛

虾仁含有丰富蛋白质，肉质松软易消化，便于人体吸收营养；黄瓜味道清新，维生素C丰富，有益于人体提高免疫力。

作法

1 将虾仁洗净，去除虾线，剁成泥；把青菜去除老叶，切成小段。
2 锅中注入适量清水煮沸，把虾仁泥挤成丸子下入锅中，稍煮片刻。
3 倒入青菜，搅拌片刻至熟，关火盛出即可。

宝宝照护问答

Question 01 宝宝可以吃冰吗？

在炎热的夏天，吃适量的冰棒、雪糕等冷饮，能起到防暑降温的作用。但是过量的话，就不利于身体健康。婴儿的胃肠道正处于发育阶段，胃黏膜比较娇嫩，过量食入冷饮可损伤胃黏膜，容易患胃肠疾病。另外，由于寒冷的刺激，可使胃黏膜血管收缩，胃液分泌减少，引起食欲下降和消化不良，因此，婴儿应少吃冷饮。

· ·

Question 02 宝宝可以喝饮料吗？

不少家长认为，市场出售的饮料味道甜美，夏季饮用方便，又富含营养，就把它作为婴儿的水分补给品，甚至作为牛奶替代品食用。这不仅会造成婴儿食欲减退、厌恶牛奶，影响正常饮食，还会使糖分摄入过多而产生虚胖，而且饮料中所含有的人工色素和香精，也不利于婴儿的生长发育。

婴儿每天需要一定量的水分供应，尤其在炎热的天气，出汗较多，水和维生素C、B族维生素丢失较多，可以用适量的牛奶、豆浆和天然果汁补充。果汁又以西红柿汁和西瓜汁为佳，能清热解暑。饮用时将熟透的新鲜西瓜切成小块，剔除籽后，放入洁净纱布中挤汁。做西红柿汁则需先将西红柿洗净，放入开水中烫泡一下，取出后剥去皮，切成块状，然后放纱布中挤汁，喂时可加少量白糖调味。

夏季婴儿以喝白开水为宜，水经过煮沸后，所含的氯含量减少了一半以上，但所含的微量元素几乎不变，水的各种理化性质都很接近人体细胞内的生理水。这些特性，使它很容易通过细胞膜，加速乳酸代谢，解除人体疲劳。

Question 03　宝宝呕吐怎么办？

一般的呕吐在吐前常有恶心，然后吐出一口或连吐几口，多见于胃肠道感染、过于饱食和再发性呕吐；急性胃炎或者肠炎引起的呕吐，多伴有腹泻和腹痛；平时积痰多，胸中呼噜呼噜发响的宝宝，在晚饭后刚要睡下时，也可能由于发作一阵咳嗽并呕吐起来；吃了某些药物后，胃肠道不适也可能引起呕吐。这些呕吐的问题都不大，只要纠正原发问题，呕吐就不会再发生。对于呕吐的宝宝，要注意饮食上的调理，给予清淡、少油、少渣、稀软、易消化的食物，如米汤、稀粥等，并注意少量多餐，补充一些淡盐水。呕吐时要让宝宝取侧卧位，或者头低下，以防止将呕吐物吸入气管。

如果宝宝的呕吐是经常性发作，首先就要排除器质病变和消化道炎症。如果确定宝宝并没有器质病变，也没有消化道炎症的话，那么大多数就是胃食道反流。对于胃食道反流引起的呕吐，可以让宝宝头呈侧俯卧位，每次20分钟，每日2～4次，以降低反流频率，减少呕吐次数，防止呕吐物误吸，避免吸入性肺炎及窒息的发生。但是俯卧期间一定要有专人护理，防止呼吸暂停。

如果宝宝出现喷射状呕吐，即吐前无恶心，大量胃内容物突然经口腔或鼻腔喷出，则多为幽门梗阻、胃扭转及颅内压增高问题，需要立即就医。此外，这种喷射状呕吐也多出现在脑部撞伤、摔伤或有外伤的情况下。如果呕吐的同时，宝宝不发热，但有严重的腹痛，并突然大声啼哭，表情非常痛苦，持续几分钟便停止，隔几分钟后又像之前一样哭闹，重复多次，就要想到肠套叠。肠套叠是婴儿一种较为严重的疾病，需要立即就医治疗。

Question 04　如何预防乳牙龋齿？

预防龋齿，应从宝宝开始。婴儿在7个月大左右就长了第1颗乳牙，有的较早至第3、4个月，有的晚到第9、10个月，都无须惊讶担心。到满1岁前，一般可长出6～8颗乳牙。

保护婴儿乳牙要注意下列几点：长牙期应多补充钙和磷（乳和奶酪）、维生素D（鱼肝油和日光）、维生素C（柑橘、西红柿、包菜或其他绿色蔬果），其他如维生素A或B族维生素也应注意补充。

　　控制甜食，食物中如需加糖最好使用未经精制的红糖或果糖，睡前饮些开水，并使用婴儿刷清洁口腔乳牙，刷时应由牙龈上下刷，不要左右横刷，以免釉质受损，产生龋齿。还要纠正吸吮手指及口含食品入睡等不良习惯。

　　另外，婴幼儿食物要多样化，以提供牙齿发育所需的丰富营养，还要注意多咀嚼粗纤维性食物，如蔬菜、水果、瘦肉等，咀嚼时这些食物中的纤维能摩擦牙面，去掉牙面上附着的菌斑。

Question 05　如何照护宝宝的口腔溃疡？

　　口腔溃疡是指口腔黏膜表面发生的局部性破损。发生口腔溃疡时，进食会使疼痛加重，使婴儿不敢吃东西，父母看到后会万分焦急。引起口腔溃疡的因素是多方面的，有全身性的，如睡眠不足、发热、疲劳、消化不良、便秘和腹泻等，也有局部性的原因，如由新生牙所造成的舌系带两侧的溃疡，吸吮拇指、玩具而造成的上颚黏膜溃疡，由于咬舌、唇、颊等软组织引起的所谓"自伤性溃疡"。

　　溃疡开始发生时，大部分为小红点或小水疱，以后破裂成溃疡。溃疡周围会红肿充血，中央则微微凹陷，可有灰白色或黄白色膜状物。溃疡的愈合需有个过程，一般需要7～10天恢复，在这期间父母需要给婴儿吃一些清淡的食物，不要让婴儿吃过烫或刺激性食物，以免加剧疼痛。不过可以在婴儿吃饭前用1%普鲁卡因液涂在溃疡面上，以减轻婴幼儿吃饭时的疼痛。对溃疡的治疗，除局部应用抗感染药物外，去除疾病的刺激因素和不良习惯也很重要。

Question 06　宝宝过胖怎么办？

　　7～12个月的宝宝的标准体重为（6000+月龄×250）克，如果超过标准体重的10%就为过胖。对于过胖的宝宝，要严格控制日常饮食的热量摄取，在保证生长发育所需的前提下，控制热量过多的饮食。如减少肥肉、油炸食品、巧克力、冰激凌、各种糖类等，改为低热量、低糖、低脂肪的食物，但要注意保证日常蛋白质、维生素和矿物质的需要，平时多吃绿色蔬菜，吃水果的时候也要注意少吃含糖量高的水果。

另外，还要多带宝宝进行户外活动，增加能量消耗并提高身体素质。另外，对于此时较胖的宝宝最好做到定期称重，以便根据体重的变化来调整饮食方案。

Question 07　宝宝离不开父母怎么办？

你得设法让宝宝相信：爸爸妈妈不会离开他。只有不断给宝宝关爱，才能让宝宝树立这样的信心，从而勇敢地探知周围的世界。

尽可能多地让宝宝与你待在一起。在你去浴室洗澡时，不妨带宝宝一起洗，做到这一点其实并不难，而且也能避免母子分离造成的麻烦。

如果宝宝在见到陌生人时显得很紧张，这对6～12月大的婴儿来说很正常，这时最好不要将婴儿交给陌生人来抱。当你有事需要离开一会时，应该与宝宝说声再见。要是你趁宝宝不注意时偷偷溜掉，只会降低他对你的信任。不过，说再见时要注意言辞简洁，同时要显得很开心而且心情平静。要是你显露出不安或是焦虑，那么宝宝的不安情绪只会越来越严重。

每次最好使用相同的话语或动作来和宝宝道别。比如，你要去别的房间取东西，可以举起一个手指，和宝宝说："1分钟。"若是离开的时间较长，则可以弯下腰亲婴儿一下，然后和宝宝说："待会见。"

Question 08　宝宝可以吃巧克力吗？

宝宝不宜食用过多巧克力，这是因为巧克力含脂肪多，不含能刺激胃肠正常蠕动的纤维素，因此会影响胃肠道的消化吸收功能。

其次，巧克力中含有使神经系统兴奋的物质，会使婴儿不易入睡、哭闹不安。此外，巧克力易引发蛀牙，并使肠道气体增多而导致腹痛。因此，婴幼儿不宜过多吃巧克力。

Part 6
一岁宝宝

宝宝满一岁了！不知不觉离宝宝出生已经过了一年，
在这一年中，宝宝成长了不少，想必爸妈一定很欣慰也很开心。
怀着这份喜悦，让我们一起来看看，
宝宝在接下来的一年中，在饮食、照护与培养方面，
有哪些需要注意的细节吧。

宝宝的生长发育

宝宝在满一岁时，看起来会比以前大了许多，身体在各方面都在持续发育中。

体型

1～2岁间，孩子所增加的体重会比零岁时减缓许多，这一年间增加的体重为2～3千克，与零岁儿一年间增加6千克相比，速度显然减缓许多。欢度1岁生日后的平均体重是9～10千克；2岁儿的平均体重则是11～12千克。

不过因为出生时的体重与日后的营养摄取方式的不同，体重的变化也不尽相同，满一岁时的体重会出现相当大的个体差异。在零岁儿时期，因为宝宝还无法自由活动，因此主要影响体重的因素就是饮食的分量。但在一岁儿时期，因为日常活动变得频繁，因此除了营养的摄取外，每一个孩子的运动量也会影响到体重的多寡。爸妈会发现，随着孩子走路、使用双手等运动机能的发达，身体看起来会变得较瘦，且皮下脂肪也比婴儿时期少。

有时孩子也会突然出现明显的消瘦或增胖情况，如婴儿期明明胖胖的，却明显消瘦下来，或者是婴儿时期的体重比平均值小等等，到这个时期体重也有超过平均值的情形。所以，在测量体重的时候，不能光比较平均值，重要的是要和前次测量的数值比较，来看体重增加的整个过程。就算数值位于百分位数小的部分，只要是沿着某百分比的曲线平行增加的话，就不需要太过担心。

另外，未满两岁的身高是躺着测量，两岁以上的身高则是站着测量。一岁儿的平均身高为75厘米，之后的增加也和体重一样变得相当缓慢，满两岁时大约为85厘米。

脸部轮廓

对此时的宝宝来说，咀嚼食物变成日常的行为，孩子开始进食固体食物会促进颚骨的发达，加上乳齿的发达，使一岁儿的面貌渐渐脱离宝宝样，而趋向幼儿样。

排泄机能

从零岁时期开始，孩子就开始发展身体各部的机能，以适应一年间春、夏、秋、冬四季的变化。并进行呼吸机能及以心脏为中心的血液循环、乳品及副食品的消化、呼吸等基本发育。甚至变得可以自己走路，准备迎接一岁的到来。以一岁儿身体机能的发展来看，一岁儿可说是将零岁儿具备的基本性发育扩展到生活中的时期。

机能的发展中，排泄是一岁儿、两岁儿的主要课题。随着孩子的成长发育，孩子不会再像婴儿时期时没有任何警讯就进行排泄，当一岁儿想小便或者大便的时候会告诉妈妈；如果是在晚上，孩子就会自动醒来以免尿床。但这并不是因为妈妈的教导才变成这样。虽然一直以来都有所谓的排泄教导，但是排泄和婴儿可以一个人走路是一样的道理，是没办法教导的，而是人类原本就具有发展成此种情形的潜能。但即使排泄行动自立是人与生俱来的能力，幼儿还是要经过一段时间的训练，才能完全掌控排泄，在此之前，在排泄方面，宝宝还是需要爸妈的帮助，如帮忙换尿布等。且若孩子尿床，爸妈也不能责骂孩子，排泄成功时的夸奖则是重要且必须的。

在训练的过程中，随着婴儿的成长发育，膀胱及直肠等神经的功能逐渐发达，满一岁后，一旦膀胱中累积尿液，或直肠中累积粪便，就会刺激大脑皮质，婴儿会表现得跟平常不太一样。可是，因为还无法忍耐这种感觉，就算妈妈马上帮忙，大部分的情形都是已经尿到裤子上。

如果事先发现这种情况的话，妈妈就要脱下孩子的尿布，让孩子使用幼儿马桶。即使在持续这种情况之下，孩子也会因为不想让排泄物弄脏身体，进而引发想用幼儿马桶的兴趣。这时孩子会通过肛门括约肌的紧缩而逐渐学会忍耐，最后终于在出现想排泄的感觉时告诉妈妈。会做这种行为的阶段，平均是在快满两岁左右。之后，孩子会记住这种排泄的间隔，变得就算在睡眠中也会醒来告诉妈妈，平均到了三岁前后就可以完成训练，再也不用穿尿布了。

宝宝的运动机能

基本性运动机能的发展到最后就是用双脚步行，一岁儿的身心是通过这种运动而逐渐发育的。通过运动发育的进步，宝宝可以随着自己的意愿到达想到的地方，并且更容易接触到自己感兴趣的物品，这些行为都属于日常生活中的体验，可促进宝宝的认知能力。另外，加上手部及手指的发育，开始会创造、毁坏物品，这在智力的发育上也扮演着很重要的角色。最后，可以一个人走路这件事，代表实现了孩子的意愿，让孩子更了解选择与自主性的概念，以上的发展对于孩子的身心发育都是极其重要的。

不过，通过这些运动机能的发展使得生活变得复杂之后，宝宝也更加可能遭遇一些突发的意外。一岁时期正好是借由孩子自己走路而扩展行动范围的时候，同时心智的发育亦显现出对很多事物的兴趣，然而也增加了在生活中出现各种意外的机会：如跌倒、撞伤等等，并偶尔会使身体受到轻微的伤害。但这些意外也不完全是负面的，对于孩子日后运动机能的发展亦是一大助力，能让基本性运动机能发展成更复杂的机能，并且通过这些受伤的经验，逐渐让宝宝发展出下次要如何做才会更好的意识。

1.手部运动

一旦学会走路之后，宝宝就不会再使用双手来移动或支撑身体，手的运动也变得多元及自由：如手指开始能够抓住小东西，会有像堆积木等的细微动作，也会常出现把拿在手里的东西丢出去的这种大型动作。其中，伸长双手抓东西、堆积木等手指的细小动作，对宝宝来说不只是简单的拿东西而已。在抓东西的过程中，宝宝会通过抓取周围的物品，经由观察或放进口中，逐渐了解物品的性质。

不过爸妈要注意，此时期若不留心，可能会发生误食的意外，所以爸妈要时常注意孩子的动作细节。

2.步行的开始

根据统计，12个月大时约有50%的孩子开始会走路，一岁三个月时则有90%，可见婴儿时期较大的运动发展，可说是集中在步行的开始上。可是，快的孩子从10个月左右就开始走路，慢的孩子也有到了一岁三个月后才开始的情形。有的在能扶物步行后不久就开始走路，也有很会爬行和扶物步行，却不会自己站立或很难跨出一步的孩子。放开手只用自己的脚站立，往前跨出一步，就像从事其他的新事物一样，需要点勇气，所以个性慎重的孩子，好像会走又不会走的。情形常常会持续一段时期。父母们不要太过急躁，要多给孩子一点时间。这种孩子开始走路的时候，大多数的步伐会踏得比较稳，且在开始练习步行后，因为感到新奇而会经常想使用这种新获得的步行能力活动，进而快速提升步行的能力。

刚开始走路时，步行方式当然相当不稳定，可以看到孩子努力取得平衡的样子，孩子会东倒西歪地伸长双手取得平衡，然后渐渐放下。但是，就算再三跌倒，宝宝仍会本能地反复步行，并通过这些经验，而走得越来越稳定，步行距离也会逐渐拉长。刚开始步行时，左右脚的间距大，会高高地举起双手来。这种姿态称为高保护姿势，借由扩大双脚的间距设法保持站立，高举的手腕在快要跌倒时，会反射性地伸长手臂，并用手支撑身体，这些都是防止撞击到头部或脸部的反射动作。随着步行经验的累积，左右脚的间距会变窄，手也会逐渐放低，这时采用的姿势称为低保护姿势，介于这个姿势和高保护姿势中间的姿势则称为中保护姿势。一旦形成低保护姿势，手臂也就会出现对应脚步移动的摆动姿势。到了一岁六个月左右，大部分的孩子都能放下双手走路，或者一边用手扶着东西一边走路。之后就能走得相当平稳，还会懂得避开危险的东西，并通常在两岁前后就会大致完成步行的姿势。刚开始爬楼梯时也是一样，慢慢地就会扶着墙壁或扶手用两只脚爬上去。一岁三个月到一岁六个月左右，就会自己上下楼梯。这种自己走路的发展，在孩子的生活环境中会以各式各样的形式进行。

宝宝在通过步行的过程中，除了是在学习如何走路之外，也在练习移动及保持平衡的能力，如步行时必须发展保持抵抗重力的站立姿势，像趴着抬头、脖子挺直、坐、扶物站立、自己站立等，以及翻身、爬行、扶物行走等移动能力，这些阶段都是宝宝开始步行前的必要工作。

步行与之前的翻身、爬行和扶物步行比起来，是更有效率的移动方法，可以更快速地到更远的地方，扩大了孩子接触的世界。因此，会走路这件事，对孩子具有重大的意义，因为这是宝宝初次可以主动参与世界的途径，我们可以从孩子的脸上看到充满喜悦与自信的笑脸。因此在宝宝学习走路时，爸妈不要因为宝宝步行不够灵活，且不够稳定，就不让孩子多练习走路，或是限制孩子太多，这都是学习的过程，爸妈必须满足孩子想要运动的意愿，让孩子充分运动。

⬆ 扶物步行是宝宝在训练步行的过程。

3.父母如何帮助宝宝的运动机能发育？

（1）一起来跑跳

到了一岁半左右，宝宝一旦能走得很好，就会出现跑和跳的动作。例如，当大人追在后面说"等一等"、"鬼来了喔"等话时，孩子就会哇哇地叫着逃走。若有稍微年长的孩子在场，一岁儿总是会变成跟屁虫。另外，跑步也会使用在抢夺其他儿童东西，或不想让其他儿童把东西抢走的时候。边走边跑能提高他们跑步的能力，也有助于宝宝学会在急速移动中取得平衡。可是，一岁儿不会紧急刹车，也不会迅速转换方向，却具备边跑边看旁边的特技，所以一旁照顾的大人，一定要确认孩子脚边有没有会绊倒的东西，或会不会撞到墙壁或其他孩子。

等到他们可以走得很好而且也会跑的时候，就会很得意地爬上沙发，从沙发上跳下来，或者在沙发上蹦蹦跳跳。当然，刚开始动作还不灵活，弹跳时双脚会离开原来的位置，常常是咚的一声屁股着地。爸妈也要注意宝宝在沙发上有无做出危险动作，因沙发通常具有一定高度，稍有不慎宝宝就会容易从沙发上摔下来。除了注意宝宝安全之外，爸妈也可以在地板上铺上软垫，让宝宝在不小心跌落时，可以缓冲力道，减低伤害。

无论是哪种能力，宝宝都会自己重复练习新获得的能力，让它确实成为自己的东西。所以爸妈要维持耐心，尽管是简单的小动作，还是要陪着孩子重复练习，积极参与宝宝的学习生活！

（2）和孩子共同游戏

爸爸把手腕放在孩子的腋下抱起来，原地转个一两次。或是抓住并提高孩子的双脚，让孩子倒立；或是把孩子高高举起，或是稍微放一下手，把孩子抛高。通过这种互动，孩子有机会体验自己无法做到的姿势及运动，且这些经验将成为自发性运动的基础。例如若将抓住孩子的双脚变成倒立的姿势，再让他回转一圈，会起到帮助孩子自己翻筋斗的效果。像这样经验过由大人协助去做自己无法做到的运动，日后在宝宝自己进行类似运动时就能很容易学会。

另外，被动的运动对孩子也有着重要的意义，是与父母或照顾者建立亲密关系的好机会，孩子们非常喜欢这种和大人互动的游戏。但最重要的是，爸妈要注意，不可以让孩子感到害怕。每个孩子的个性都不一样，有喜欢激烈运动方式的孩子，也有喜欢温和活动的孩子。因此，当与孩子游戏与互动，孩子感到害怕时，最好放慢动作，稳稳地抱住孩子的身体，不要过于勉强他，否则会造成反效果。只要温和地带领动作，或者让他看其他孩子高兴的样子，不久孩子就会有"我也要"的要求。

⬆ 与孩子游戏过程中的互动，可刺激孩子的自发性运动。

宝宝的饮食

一岁宝宝的饮食大多脱离了母乳或是奶粉喂养，而逐渐接近成人的饮食方式。这时候的宝宝需要怎样的营养，才能成长得更好、更健康呢？

营养需求

首先，我们来确认一岁儿的发育与维持健康所需营养素的种类与分量。所谓的营养需要量，指的就是我们在过健康生活及增进体能上需要营养素的摄取量，考虑到维持、增进健康上的个人需求量之差异后所制定的参考值。

不过，营养需要量对各个孩子来说并不是绝对性的数字，不需要过于拘泥数值，因为实际上同性别、同年龄的孩子，就算不看体格，在食欲、游戏、睡眠及其他生活上也有极大的差异。所以爸妈必须考虑到孩子的体格、食欲等，采取适当的处理。

我们日常摄取的并不是营养素，而是包含各种比例营养素的食物。可是，每天食用的食物种类非常多，而且营养组成各不相同。因此，为了确保可满足营养需要量的饮食，就得正确掌握食物在营养上的特性，并且巧妙地组合摄取才行。从营养的观点可将多数食物大致分成以下四大类：

第一类：蛋白质及矿物质——乳、蛋、鱼、肉、豆类及其制品。

第二类：维生素及矿物质——蔬菜、水果、海带等。

第三类：热量——以淀粉为主要成分的谷类及薯类。

第四类：热量及脂溶性维生素的溶剂——油脂类及富含脂肪的食物。

早、中、晚餐均从这些食物群中组合1～2种的食品，拟定获得均衡营养的饮食计划，是首要之事。

重视一岁宝宝的饮食

婴儿期旺盛的身体发育到幼儿期时虽然变得略为缓和，但从1岁到2岁的这一年间，仍会有体重约3千克、身高约10厘米的成长。包括断奶后期陆续长出乳齿、头盖骨密合、骨骼成长等种种明显的发育。为了促进这些发育，日常的饮食当然很重要。可是，在这个年龄，虽然慢慢能吃接近成人形态的饮食，却因为宝宝的消化器官尚未成熟，对细菌的抵抗力也较弱，所以料理方式及卫生方面需特别注意。

对孩子来说，满一岁是第一个独立的时期。之前对断奶期乳儿的营养及饮食百般关心的妈妈们，多会因为认为宝宝已经长大了，因此对宝宝的饮食松懈下来。不过其实在营养均衡方面，这个时期比断奶期的问题更多样，因此爸妈要针对宝宝的生长特质，提供符合孩子营养需求的正确饮食。

开始自己吃东西

零岁的时候，配合饮食机能的发达，可以喂食各种经过调理的断奶食物，好让孩子发展各种身体机能。一岁开始，开始要学习自己吃饭，孩子不需要人喂就能自己把食物送到口中，然后逐渐学会仔细地咀嚼食物，是大幅往饮食自主前进的时期。

在一岁儿这个时期，一边模仿他人一边学习的情形非常多。例如，在一起吃饭时，常常能看到孩子"目不转睛"地盯着大人吃饭的情形。如何用叉子从盘中拿取食物、放入口中后要确实地细嚼慢咽、一次吃的量有多少。孩子一面看着四周的人，一面试着做一样的动作。过程中会弄翻碗盘、弄脏衣服等，总要重复失败好几次后才能逐渐学会，爸妈要学会不责备，才能让宝宝学习得更好。

同时，和家人团聚在一起吃饭，并在快乐的气氛下用餐，对宝宝来说是一件特别重要的事。在这种用餐环境下，会促进孩子学会控制自己吃饭的速度。

选择食物的喜好

依据料理方式选择喜好的食物，也是发展饮食机能阶段中的特性之一。孩子在此阶段会出现将放进口中的食物咬个几次就吐出来，或者慢慢地咬了许久却不吞下去而吐出来的情形。一般遇到这种情形，父母常会以为孩子讨厌当时放进口中的食物，不少人因而断定那是孩子讨厌的食物。当然也有讨厌那个味道而拒吃的情形，但是有时是因为食物所料理的形式超乎孩子所能负担的饮食机能，因不能顺利进食而吐出。例如，一岁前半期像鱼板这种有弹性又难咬碎，即使切细也是一块一块的，混合唾液也不会变成泥状，难咬碎又容易分散的食物，就算咬碎也难以吞咽，自然就会本能地吐出来。这也是一岁儿不喜欢吃肉类的原因之一。为避免这种情况发生，零岁时期的断奶阶段，喂食时要注意食物的硬度、大小及黏度等的料理形式。

断奶期结束后，尚未长出臼齿的一岁儿，和长齐成人牙齿数的五岁儿，似乎常被成人给予几乎相同料理形态的食物。考虑到机能发展的状态，一岁儿处于尚未长出前半部臼齿的时期，食物如果不是牙龈能咬碎的硬度就无法充分咀嚼，等快到两岁长出后半部的臼齿时，就算是相当硬且难以咬碎的食物也能吃。此时让孩子养成咀嚼有嚼性的食物之习惯，是很重要的一件事。

像这样孩子口中长出牙齿的状态，也会使得饮食机能的状态出现很大的变化。这就是一岁儿选择食物喜好的原因。充分观察孩子口腔的发育状况，一方面确认一方面给予适当的食物很重要。

双手参与饮食机能

断奶期结束，而且靠乳类以外的食物也能充分取得营养的一岁儿，开始朝向饮食的自立迈进。而自己拿取食物，是所有生物求生的本能，开始的第一步就是在还不能巧妙地使用餐具时，开始用自己的手抓食物，并且放进口中。手肘抵着桌子、双手贴近脸，努力地协调手和口，为了成功地把食物放进口中而反复练习。把从零岁起，抓到任何东西都放进口中的练习成果都用在吃饭上面。拿取食物的手、放置食物的口，渐渐地彼此协调，获得具有一个目的的机能。大约在断奶期后期，会出现用手握住食物，把手掌整个塞进口中的吃法。满一岁之后，会发展到以大拇指、食指、中指用"捏"的方式抓住食物，并送进口中。

断奶期时放进口的食物分量，最好由喂食者适当地调配成一次的量，让孩子自己拿的话，一开始会不知道分量。常常看到孩子整口塞满食物，因为不能吞咽而又把食物从口中抓出来，再捏其中的一部分来吃的情形。依食物干湿度、黏性等的不同，会造成在口中处理的难易性。这种拿捏一口分量的感觉好像很简单，其实非常困难。因为宝宝正处于练习调配分量的时期，所以偶尔也会看到孩子噎到或呕吐等情形。

一旦孩子开始用自己的手抓食物送到口中，就有可能将食物散落一地，弄脏四周环境。这是因为手部机能的发育尚未成熟，还有手和嘴的动作不能协调的缘故。

使用餐具吃东西

当"用手抓来吃"演变成习惯时，孩子会重新想要拿汤匙和叉子等餐具。趁着握在手中或四处挥动、乱丢时，半玩耍地拿着汤匙或叉子，偶尔把它伸到盛装着食物的餐盘中，就在一边弄脏四周时，依照握在手里的叉子长度，把叉子送进口中，依手腕弯曲方式的不同，逐渐记住餐具的触感及握法。

在用手抓住食物放进口中吃的"用手抓来吃"阶段，口中含着的食物会溢出来一些，就算一部分外溢到嘴角及脸颊，也会用手指把溢出的部分塞进口中。如果分量过多，便会再度拿回到手里，口与手的连动不佳时，也可以稍微靠自己的力量来补足。

但是使用餐具时就不能如此做了。因此，为了把食物放进口中，就非得借助未成熟的手来帮助口部机能良好运作不可。接收食物的一侧是口，放入食物的器官则是唇。尚不熟练使用汤匙或叉子等餐具将食物送到口的附近时，为了补救尚未熟练的运送动作，唇就发挥了让脸部接近食物的功用。刚开始就算是使用汤匙等餐具来吃，也是从用汤匙把食物放入口中的吃法，依序变成能用双唇含住用汤匙等餐具拿取的食物。配合手指机能的发达，到一岁后半期才会渐渐能一个人用汤匙或叉子吃饭。

能使用门牙

约在断奶期中期出现的乳齿，在一岁左右，口腔上下会各冒出四颗前齿，一旦出现这种前齿上下咬合的情形时，就会常常看到孩子用这些牙齿咬玩具来玩耍。婴儿张大嘴巴咬着婴儿坐椅的皮带及餐桌玩，并将物品咬得伤痕累累。用前齿咬东西的游戏可以促进饮食机能的发育。通过所咬的东西，一岁儿会知道用牙齿咬的感觉各不相同——柔软的东西、有弹性的东西、像塑胶一样坚硬的东西等。而且，加在牙齿上的力道强弱和要施力的时间，就算材质相同也能感受到差异。因为东西的形状，嘴巴张开的大小当然也有所不同，使得咬的感觉和出力的情况也就不一样。就这样，用比后齿感觉灵敏数倍的前齿，在长时间的玩耍中学会用牙齿咬东西的感觉。这种通过玩耍学会的动作和相对应的感觉，渐渐地使用在吃饭上，把一口无法吃完的较大食物，一岁儿会用前齿"喀"地一声咬断，自己调配放进口中的分量。

不咀嚼的孩子

曾有机构以托儿所的儿童为对象，进行有关咀嚼的调查。结果发现，两到三岁儿童中，"不会咀嚼固体食物"、"吃固体食物时会把食物从口中拿出来"、"直接吞下固体食物"等咀嚼不良的孩子比例偏高。根据同年举行的婴幼儿营养调查报告显示，一岁多的孩子约半数不能充分咀嚼食物，随着年龄的增加，比率虽然有减少，但到两岁时还是约有两成。

咀嚼不仅是用牙齿充分咬碎食物使其容易吞咽，更有助于食物在肠胃中混合胃液促进肠内的消化。而且，充分咀嚼能刺激脑部，促进脑部活动。

此时期的孩子们喜欢的点心大多是柔软的食物，而且，家庭的饮食习惯也倾向于频繁使用现成食品或速食食品等已经料理完成的市售食品，这些食品大多柔软而易于吞食，不太需要咀嚼。习惯这种饮食生活的结果，容易造成孩子们的下巴弱小化、齿列不正及牙齿并排情况增多，和龋齿的发生也有明显的关系。

我们以前曾以婴幼儿为对象，调整可用普通的料理形态给予种种食品的月龄。50％左右在一岁时可以给予普通料理形态的饮食，到一岁半时几乎达到80％的比率。其中咀嚼能力有极大的个体差异，为了增强咀嚼能力，在学习效果上有一定的感受期，大致是从一岁半到将近两岁之间。咀嚼不只是要让下巴充分发育，还可通过牙齿研磨块状的食物来清洁口腔，进而达到预防龋齿的目的。

正确的饮食给予方式

满一岁的孩子开始显示出对食物的好奇心，而且，似乎也有想用自己的手来吃的欲望。其中之一的表现方式就是触摸餐具、拿取汤匙，开始会想用手或汤匙来搅拌餐具中的食物。到了一岁半时，多数的孩子都能使用汤匙，也会用双手拿着杯子喝牛奶或水。可是，这时候他们经常会打翻杯子、食物掉满地。还有，就算会使用汤匙也常会习惯用手抓食物吃。

孩子这些动作在母亲的眼中看起来只是单纯的"好脏"、"没规矩"，其实这是孩子表现出想自己吃、自己做的自立心。如果孩子开始表现出这种自立心，良好的培育可说是最初也是最重要的教养。如果因为"会掉满地"、"会弄脏"或者"太花时间"而不让他自己吃饭，等于是剥夺了孩子练习进食的机会。在吃饭前帮孩子把手擦干净，把一部分的食物整理成容易用手或叉子吃的形态，或者做好铺塑胶垫或报纸等的准备动作，就算食物掉满地也没关系。

边吃边玩

当孩子可以自己走路，或者兴趣扩展到四周之后，在用餐途中一旦空腹感稍微解决，马上又想去玩。养成边吃边玩的坏习惯，是因为孩子明明不饿却想尽办法让他吃东西。为了不让孩子离开餐桌，把孩子喜欢的玩具或洋娃娃等放在餐桌上，是母亲经常使用的方法，这反而使孩子无法区别吃饭与游戏，反而助长了边吃边玩的现象。我们还经常看到母亲手里拿着餐具，追在后面喂孩子的情景。这样反而像是鼓励孩子边吃边玩。

为了让孩子专注于饮食，应该限定用餐的地方，并让孩子坐在固定的位置上，要让他养成除了乖乖坐在自己的座位外，否则不要给予孩子饮食的习惯。当孩子在用餐途中站起来走动，或在用餐中玩耍，都有必要加以禁止。一次的用餐时间最好以30分钟为限。

此外，也不能忽略边吃边玩与电视的关系。常常看到母亲趁着孩子看电视时，用汤匙把食物放进孩子口中的情景。但是，孩子很难和大人一样，同时把注意力放在饮食和电视上。所以必须在用餐时间关掉电视，让孩子专注在饮食上。

宝宝的健康

虽然一岁宝宝在免疫力及体能方面都有显著的提升，不过爸妈还是要通过日常生活中的观察，以及带孩子到医院进行健康检查，来为孩子把关健康状况。

诊断宝宝的健康

所谓的一岁儿，指的是刚过一岁生日，一直到两岁生日前一天的孩子。这一年间的孩子，可看到非常大的成长差异。因此，关于这个时期的健康状态，正确判断出与其对应的差异，可说是最基本的一件事。

首先针对日常生活的情形一一检查。

1.食欲

不管在任何年龄，食欲对健康状态的诊断来说，都是很重要的项目，但是因为个体差异大，所以一定要充分了解各个孩子的饮食情形。而且，满一岁半以后，食欲会随之变化，甚至表现出饮食好恶。

2.睡眠

虽然睡眠会随着生活的节奏而发生变化，但它和健康状态也息息相关。而且，这个年龄的孩子常会在夜间哭闹，这时就要检讨白天的生活、精神的发育及游戏等方面。请细心观察孩子是否有难以入睡、浅眠、马上醒来，或很难醒来等状态。

接着来看看生理方面的健康状态。

3.脸色

精神饱满的孩子气血通畅，会呈现出生动灵活的表情。当你觉得孩子的脸色不好时，请仔细观察是否因为精神、食欲等其他因素所造成的。随着孩子

的成长，这些状态的表现方式也会有所变化。婴儿期时常看见的症状，到了将近两岁的时候，应该会逐渐消失。不过，有时也会有突然转好的情形。从这点来看，也得充分了解孩子的状态才行。例如，一旦感冒后，以往急促的呼吸声就没有那么激烈，满布全身的湿疹，也只在手肘、膝盖或脸部出现。此外，平时容易拉肚子，不能充分接受断奶食物的孩子，在稍微改变饮食的内容时，也常会变得不太会拉肚子。这些变化，也可说是成长中的自然现象。

孩子的体质会影响疾病及症状。这种体质大多为先天性，被认为是产生个体性差异的一大要素。例如，呼吸有急促声的孩子、容易排出软便或混合黏液粪便的孩子、容易出湿疹的孩子等。而且，容易发烧的孩子，和发烧时容易产生痉挛的孩子，有时候也是体质所造成的。因为强烈的遗传性因素，特别是父母亲经常也有同样的症状，或者父母亲小时候也常发生，抑或兄姐也常发生同样的症状等，这时其他家人的情形就非常值得参考。

如前文所述，这些症状常随着成长而改变。能看到改变并不表示这种体质消失，但是随着成长而未出现改变，这表示宝宝本身已是这种体质。

4.精神

孩子活泼地来回走动是精神饱满的表现。一岁儿有一岁儿的习惯动作，甚至每个孩子都有他自己的

动作。精神力不佳时，虽然不一定是生病，但还是应该注意，因为有可能是孩子的身体状况不太好。

5.发育状态

在判断孩子的健康状态上，个体的差异当然被视为最有效的诊断。最重要的是循序渐进地增加体重、身高，以及正确地摄取营养。和出生时相比，到了一岁生日时，体重约增加2~3倍，身高约增加1.5倍。之后，在一岁到两岁的一年间，可看出体重增加约2千克，身高增加约10厘米。从这种发育的步调来看，大致可以说是处于健康的状态。除此之外，希望家长能定期性地测量。

6.运动发展

运动机能的发展，和神经方面的成熟有密切的关系，如果有过度迟缓或非常不顺的情形，就应该考虑到是否有异常情形。可是，依养育方式的不同，发展上也会出现差异。所以，进行发育的诊断时，也可以做养育方式来诊断。约50%的孩子在一岁生日前后能自己走路，到了一岁三个月，几乎所有的孩子都应该会自己走路。所以，如果到了一岁六个月时，宝宝还不会自己走路或走得很不稳，最好接受医师的诊断。

精神发育显示大脑发育的重要征兆，例如言语的发达就是一大重点。大约在一岁六个月时，就能说出单字，到满二岁之前，也有孩子会说出单句。如果会玩积木或洋娃娃，大致就算是发育正常。这些专案对于诊断长期性的健康状态来说非常重要。

宝宝的健康检查

基于"预防胜于治疗"、"早期发现、早期治

Tips

一岁六个月的健康检查有哪些项目？

1.发育状态。
2.精神、运动发展状态。
3.有无疾病及异常。
4.整体生活。
5.预防注射接种状况。
6.意外。
7.牙齿的发育。

疗"的理念，应定期对孩子进行健康检查，以便医疗机构建立一连续性的健康管理与保健指导体系，早期发现生长发育异常的个案，予以适当的转介及诊治，提供家长有关儿童生长发育与预防保健的健康咨询服务。一般在未满一岁应进行4次检查，每次间隔2~3个月；一岁以上至未满三岁1次；三岁至未满四岁1次。合计共6次。一岁多的代表性健康检查，就是一岁六个月的健康检查。只要依据幼儿手册前往卫生所或医疗机构报名幼儿门诊即可。

健康检查中，也会检查视觉、听觉的异常。重度的异常，应该早已经被发现了，这个时期的检查是要确认是否有轻度的异常。也可以参考宝宝盯着东西看时的情形，以及对电视机声音的反应等来判断。

虽然这个时期的孩子很皮，但是这是孩子对许多事感兴趣的指标，做父母的应以平常心看待。还有，食量不定、会诉说喜欢与否，也表示开始能正确表达自己喜欢和不喜欢的东西……这些都是正常的发展。因此除了诊断、检查孩子的身体及精神方面的状

态，还会询问父母各种照护上的问题，或是根据问卷的回答来判断。此时，父母要正确且详实地回答。因为这是正确得知孩子状态的途径，一旦有所隐瞒或敷衍了事，将会影响医生的判断。

龋齿的预防，对任何年龄的孩子来说都非常重

孩子的生活健康指标

1. 可以自己走路。
2. 会说简单的单字。（用正确的意思）
3. 可以使用汤匙等进行简单的饮食。
4. 手指开始发育，会用小的积木或蜡笔等玩游戏。
5. 体重的增加稍微减缓。
6. 食量不定，少吃或暴饮暴食的情形明显增多。
7. 从大人的眼光来看，孩子很皮。（孩子只是在表示对各种事物的兴趣）
8. 经常可以看到反抗的征兆。
9. 擦伤及烫伤的意外增多等。

要，及早开始预防，绝对不是件坏事。由此看来，牙齿的健康检查非常重要，牙刷的正确使用方式也不容忽视。

发育迟缓的情况，一定要充分调查其原因。因为一岁六个月是个体性差异明显的时期，当然，不能否定会在发育上看出差异。但是，因为育儿的方式不佳或者环境的条件不好等，造成发育迟缓的情形也不少，有必要正确地判断。因此，一定要遵守规定的日期，让孩子接受健康检查。然后，充分地和医生讨论沟通。

宝宝容易罹患的疾病

随着孩子长大，开始会走路后，和其他孩子间"往来"的机会也变多。相对地罹患传染性疾病的概率也增多了。孩子容易罹患的传染性疾病，虽然有许多种，但在比较小的时候容易罹患的是突发性疹症，大多是在未满一岁时罹患。除此之外，水痘、流行性腮腺炎的频率也很高。因为这些疾病的传染力相当强，接触到的话就很有可能被传染。但是流行性腮腺炎是隐性感染，就算病毒侵入体内，也有不会发病的情形。

因为是一岁儿，所以不会突然罹患不常见的疾病。最常患的病痛仍然是以感冒为首的上呼吸道感染。由感冒并发上呼吸道发炎及中耳炎，也是相当常见的现象。从婴儿到幼儿的阶段，鼻子及咽喉到中耳，是病原体容易侵入的部分，中耳炎的发生概率极高。疑似中耳炎的症状是精神不振、用手托着耳腮、把耳朵压在他人身上等。如果中耳炎不及时治疗的话，演变成慢性中耳炎就很麻烦了。

一般而言，孩子在满一岁半之后，牙齿的数目最少也会长出上下八颗以上。随着食物的种类变多，饮食也不一定能正确规律地摄取。特别是有明显的暴饮暴食，食量偶尔也会减少。究其原因，大部分是点心吃太多所致。而这也正是龋齿发生的原因。就算从婴儿期就很注意牙齿的清洁，不规律的饮食还是很容易造成龋齿。当然，导致龋齿的原因不只是食物，但食物却是最大的原因，所以请注意让孩子养成正确的饮食习惯。一岁时健康检查，也包括牙齿的检查，请别忘记好好地观察注意。随着年龄的增大，患有龋齿的孩子比率也随之增加，同时，单一孩子的龋齿数和症状也会变严重。所以，从早期就要注意预防，如果

发现患有龋齿，就要尽早接受治疗。

强健宝宝的体魄

增进健康在任何年龄都很重要，对疾病的预防来说，更是首当其冲。单纯地不让宝宝去接触生病的孩子，或是注射疫苗等方法，并不能使宝宝成为健康的孩子，还必须好好锻炼身体。

一岁多的年龄中，有会走路的孩子和不会走路的孩子，所以不得不思考增进健康的方法。换句话说，不会走路的孩子，一定要由照顾者，直接帮助孩子运动或带他到户外；会走路的话，可以利用走路作为运动，或教孩子做些有趣的游戏。但是，伴随着频繁的运动，难免会因为不小心而发生意外，所以，一定要充分留意孩子的安全。

接着，就来看看如何增进一岁儿健康的具体方法：不论是否发展到步行运动，少穿衣服是最简单的锻炼法之一。依照季节的不同，不仅衣服的件数不一样，衣服的质料也得改变才行。仔细观察孩子的脸色及流汗情形，作为决定运动量、运动类型和衣服件数的标准。根据孩子的动作来变更衣服件数也很重要。

说到锻炼身体，马上就令人想到运动，但却不能让运动变成"酷刑"。最重要的是要因应各个孩子的发育状态，采取适当的运动。远超过孩子发育阶段的运动，是毫无意义的，反而常常会产生负面效果。特别是一岁多的孩子，发育的个体差异非常大，各个孩子在运动机能上也有很大的不同。所以需要正确地判断，以便采取合适的方式。

对于不会走路的孩子，请试着实行婴儿时期的婴儿体操。如果会爬行和抓东西站立，也可以利用这些动作与宝宝玩游戏。此时，请尽量让孩子少穿点衣服。对于会走路的孩子，则可以散步或在公园等地

的运动、游戏为主，借此增进孩子的体力。运动、游戏的内容可以采取固定形式的体操或在公园反复让孩子踢球玩或在四周来回奔跑等等，都是相当有效的方式。此时，尽量让孩子穿着轻便的服装。像这样积极地增进体力，虽然是件相当好的事，但在运动后，也请不要忘记一定要好好休息。运动量大的话，休息量亦得随之增加才行。最好是让宝宝午睡，或者只是舒服地待在室内休息也不错。请根据季节、运动种类及运动量，实行适当的休息方法。

同时，营养的摄取也是增进健康的一大要素。充分运动的话，热量的消耗当然也会跟着增加。所以，如果不能摄取充分的热量，就无法确保身体健全的发育。运动所消耗的热量不多，却摄取过多热量的话，就会形成肥胖，反过来则会变得过度瘦弱。

父母应根据各个孩子的发育情况来决定增进健康的方法，一味采用和其他孩子完全相同的方法，或者适合大人的方法、年长儿用的方法，都会徒劳无功，重要的是要充分配合一岁儿的发育特征。

⬆ 增进宝宝的体力。

宝宝的教养

从一岁时期开始，爸妈要积极加强孩子在各方面的培养，包括生活习惯、语言能力以及智力的发展，才能刺激孩子的成长。

生活习惯培养

1.正餐与点心

满一岁时，几乎和大人一样一天吃三次正餐，早上十点及下午三点则是食用点心的时间。因为现在饮食的品质变好，上午的点心只需要给予牛奶及水果补充水分即可，或者省略也无妨。孩子大多喜欢吃料理成多种口味的各类食物，营养方面也比较均衡。当然，照顾者一定要避免给予宝宝不好消化和刺激性太强的食物，除此之外，罐头食品或半加工食品虽然不宜常吃，但偶尔也可以料理食用。

饮食中最重要的事，就是让孩子愉快地进食。然而，被认为还小的婴幼儿（零岁、一岁时），如果没有正常进食的话，常被误认为会影响到健康。因而让孩子有被强制吃饭的感觉，造成孩子的食欲减退。想想看"啊，又要吃饭了"的想法，和"啊，肚子好饿，一定很好吃喔"的说法，后者的感觉一定比前者好，也吃得较多吧！而且，一岁儿是记忆语汇的时期。想让孩子趁早记住"肚子饿了"、"好吃"等伴随着情感的词汇，就要让行动与意识结合在一起，这样施行起来会更得心应手。

如果家庭中的成员都表现出一副很好吃的样子，轻松愉快地吃着饭，不管是多小的小孩子都会记住这种感觉。所以，请各位大人们注意身教的重要性。

2.个人清洁习惯

宝宝在这个阶段开始会想自己动手拿筷子或用汤匙用餐，筷子比汤匙更能显示自己的能力。如果家中的一岁儿表现出想自己做的心态，就试着让孩子自己做。但是，孩子并不能做得很好，食物也会洒得到处都是。这种情形通常会持续到三岁为止，甚至连大人偶尔也会发生，所以做父母的绝对不能大声责骂，而是要积极指导孩子学习事后的收拾及善后。

一岁前期的孩子还近似婴儿，大部分的事都要由大人帮忙。到了一岁六个月左右，站立成了他日常生活的普通姿势，差不多该试着让孩子做自己想做的事情了。洗手、漱口等和水有关的事，因为小孩子普遍都喜欢玩水，通常都会很乐意尝试。不过，入浴时反而会看到孩子讨厌擦洗身体、洗头的情形，如何让孩子快乐地洗澡，常常是父母头痛的难题。最近，一些儿童节目中，偶尔也会播放孩子们和爸爸一起洗澡的情形，不妨让孩子看看那些画面，感受洗澡的乐趣，或许会变得不讨厌洗澡。

表达与语言

1.宝宝的自我表达

在某个幼儿园里看到小文，也和这些现象完全吻合。小文是个一岁半的小女孩。十二月中旬，温暖和煦的上午，向阳处的沙坑边，几个孩子拿着铲子和水桶在玩耍，庭园的周边因为整修工程而竖立了好几片橘色的围篱。上午散步回来的小文，和小朋友一起从娃娃车下来，深呼吸一下后，就朝着围篱走过去。可能是散步的活动令她既快乐又满足，或者看到其他孩子玩耍的样子很感兴趣，又或者是从娃娃车下来站在地面上很高兴，总之脸上常是一副开心的表情。可是，刚走没几步路，在走廊下发现了一只猫咪，小文突然紧急刹车来个急转弯，改变方向朝那边走去，脚步摇摇晃晃地就像随时会跌倒似的。

已经是成年的大猫咪，大约从一个月前就住在幼儿园里，完全习惯和孩子们相处在一起。小文以一副像是去见朋友的表情走近，弯着身轻抚猫咪的背。不过，手往下挥动的动作还不灵活，而猫咪是一动也不动地闭着眼睛。小文站起来后，马上往左边堆着一层纸箱和旧报纸的地方走去，用手摸了一下绑紧的绳结。经过大概五秒的时间，决定放弃。离开那里之后，这次爬上脚边约十厘米高的台子，一副"我成功了"的得意表情，眼睛骨碌碌地看着四周。视线停在地面上的小石头，捡起来丢出去。捡起第二个时，不知道在想什么而放进口中，却又马上拿出来丢出去，而且每次丢的时候，嘴里就出现类似"砰"的声音。

像小文一样，每一个幼小的孩子都充满了好奇心，对任何事物都很感兴趣，也想用自己的感觉确定所触碰的到底是什么东西。探索事物是宝宝智能萌芽的象征，一岁前后开始变得明显。这种探索的兴趣，不只对假定的对象，对偶然遇见的东西也是如此。所以，一岁到两岁间的孩子，常会一边到处走动一边东张西望或触摸东西。

2.孩子的第一句话

孩子满一岁的前后，对双亲来说是最喜悦的时期。因为孩子说出的第一句话大概都是在这个时期。而且，说出第一句话的同时，孩子也开始可以站立行走。说话和用两只脚走路，是人类一种鲜明的特征。人类被称为是"生理性早产"的动物，从出生后大概要受到双亲一年的保护，借由大人的养育及照料而首次出现人类的特征，也就是语言及步行。对于家有满一岁孩子的双亲来说，当然是最快乐的时期。

但是，一岁儿的语言到底是什么样的状态呢？日本学者大久保爱女士将孩子从诞生到进入小学之间的语言发展，依特征分为十个阶段，各个时期分别显示出发育的特征。因为孩子的成长有个体差异，所以仅提供各位参考。在此种标准之下，将一岁前后定为"单词句的时期"，一岁半前后定为"双词句出现"的时期。

3.单词句是什么？

"单词句"这种听不习惯的用语，具体来说就像是用"啊啊"表示食物，用"妈妈"表示母亲，用"bubu"表示汽车等，某个特定的发音，就像是一个单字一样，具有某种程度的确定意义。主要指的是孩子的说话中，包含大人第一次说的话和叫的东西名称。这时的发音和意义间的关联，就像"啊啊"表示食物一样，如果语言大致上和孩子说的话有共通性，例如"bubu"的情形，对某个孩子来说也许是汽车，对另一个孩子来说可能是别的东西，二者都有一些共通性存在。可是，并不只能在那个孩子看到独特的关联，幼儿的语言中也有其他类似的关联，最初的语言就是单词句。

依孩子说话的状况不同，而有不一样的使用方式。例如"啊啊"虽然是表示食物的名词，偶尔也代表"食物在哪里"或像"我想吃东西"一样被用来当动词使用，也有代表"这是食物"的时候。孩子使用的语言和大人不同，因此，孩子用一个字表现大人用一段文句表现的事，就是单词句。

4.从单词句转为双词句

从会说单词句的后半年左右，宝宝便会开始说双词句。所以，两岁时会说单词句的孩子，就像大久保爱女士所说，这是因为从半年左右的单词期反复表现中逐渐出现双词句。最初的双词句，可说是从重复说两次单词句开始。例如"啊啊、啊啊"、"喵喵、喵喵"等，重复说同样的单词句。这时，因为孩子也是第一次重复说两次，两个断句一次的语调就是主要特征。例如，表示"不见了"、"糟糕了"等，就会重复"没有"而变成"没有、没有"，最初的"没有"和后面的"没有"借由用不同的语调说出，使得两个字听起来像一句话。在这个时期，身为回答者的大人，要回答说"没有，不见了！玩具已经不见，没有了！"，照孩子的节奏来回答也很重要。

能重复说出单词句后，出现"脏脏、拜拜"（脏了所以丢掉）、"爸爸、公司"（爸爸到公司去了）、"抱抱、抱抱"（抱我）等，可说姑且有句子形式的两个单字组合。利用两种不同关系所组合而成的字句，以专有名词来说叫做词类变化。而且，在词类变化的关系上，代入对孩子来说似乎能比较自然地做到。例如，代入"抱"和"站"的话，就变成"抱起来"、"站起来"。而"抱"和"起来"这种组合以专有名词来说叫做造句法。所以，姑且称之为"句子"的形式，也可以认定这种词类变化关系与造句法关系的分化。因为这些理由，单纯只是重复一语文的

阶段称为"二语说话"，而和"爸爸、公司"这种一开始称为"双词句"的形式有所区别。原因是单词句用一个字表示整个内容，就算重复两次，也不认定词类变化关系与造句法关系的分化。

因为这种双词句，也可说是句子的原型，会说双词句后，很快就能说三语文或更多字的多语文。但是，考虑到从双词句发展到三语文、多语文的程序，大人该如何回答孩子的双词句才好呢？大致来说，对于孩子所说的双词句，补充一点字汇回答孩子的动作是很重要的。例如对孩子所说的"爸爸、公司"，就回答说"对啊，爸爸去公司了。跟你说过拜拜就走了！"用稍微扩充过的句子回答孩子，孩子也会抓住特征性的地方，试着说出"爸爸去公司"、"拜拜"等句子构造更长的话。这样，孩子的语言世界就会从三语文往多语文发展。

在美国的研究中，曾出现两岁的男孩子在自己的床上睡觉前玩语言的游戏。这是代入字汇的游戏，例如，"爸爸、公司"、"妈妈、公司"、"熊熊、公司"等，在词类变化上代入字汇，快乐地从口中说出造句。会说双词句后，就能轻易地代入字汇了。所以，偶尔利用玩偶等玩具，试着积极地创造出用字汇游戏的环境。例如，一边说着"熊熊、没有"、"bubu、没有"、"兔兔、没有"一边把玩具一个个藏起来，或者相反地一边说"熊熊、哇"、"bubu、哇"、"兔兔、哇"，一边一个个拿出来等。最后也可以加入一点幽默感地说"妈妈也没有"、"妈妈、哇"等。为了培养孩子的语言，不只要巧妙地回答孩子所说的话，也要试着积极准备使用词汇和孩子一起游戏的环境。

会说最初的语言（单词句），然后，出现双词句这种句子的原型。孩子的语言，大概在一岁儿的时

期会面临两个重大的发展关键。为了掌握这个发展关键，侧耳聆听孩子的话，选择适合的话回答孩子，是非常重要的。

智力发展

1.开始象征游戏

孩子通过婴儿期与物品间的关系，知道那个物品是什么样的东西，以及该如何使用那个物品。例如，知道汽车是交通工具，会bubu地跑。还有，玩具车是真的汽车的缩小版，一推玩具车就会跑。一岁前半段，主要是配合物品的构造及用途玩耍。可是，在汽车的游戏中，孩子看起来像是一边说着"bubu"，一边回想起星期天和爸爸去兜风的样子。这时，孩子心中存在着印象，而且游戏时也会附加孩子兜风时的体验印象。

到了一岁半左右，孩子会更加积极地使用这种印象，把印象加在完全不同的物品上。例如，在积木上附加汽车的印象，把积木当成汽车"bubu"地推着走。因为这些游戏是用积木来替代汽车，可说正在使用象征来游戏，所以，这种游戏被称为象征游戏。这些印象的附加及象征游戏，可说是显示孩子智力发展的重要依据。

2.通过道具发现与思考

到了一岁半左右，如同前述般能组合一个单字说出双词句，这时期和能使用踏脚台的时期一致，因为双词句能反映出脑中连结两种事物的能力。除此之外，一岁儿还喜欢玩弄开关，捉着拉绳点亮电灯，或打开电视机、录像机的开关，这些行为也可说是他们借由道具达成目的的行动。孩子们在进行这种顽皮行

为的同时，也能逐渐理解道具介于自己的行动与目的物之间的关系。

孩子出生后一年，在理解物与物的关系、孩子的行动与结果的关系后，为了达成某个目的，从自己行动所及的范围中，发展成能选择适当行动而加以实行。甚至于到了一岁以后，孩子为了取得想要的东西，会想出各式各样的方法。例如，当桌子上摆着点心，从这边伸手拿不到的时候，就会绕到桌子的对面，从比较近的地方拿。这种绕道的行为，在宝宝满一岁左右可看到。

可是，如果绕到对面也拿不到的话又该怎么办呢？在这个时候你会发现宝宝会有拉扯铺在桌面的桌巾，让点心接近自己手边的行动。或者，如果点心的袋子上有绳子，也会看到孩子拉着绳子让点心靠近自己。这些是出现在一岁到一岁半之间的行为。但是，没有桌巾或绳子的时候怎么办呢？这时，他们会搬来箱子或椅子，把它当做踏脚台踩上去拿桌上的东西，或者拿着游戏用的玩具刀，把桌上的东西拨到手边。这种用道具的行为，可以在一岁半以后看到。

这里举出的行为共通点就是为了达到目的，在各种错误尝试中思考自己的行动。但是，这些行动在发展的时候有几分差异。拉扯桌巾及绳子的方法，是用道具（桌巾或绳子）让想拿的目的物接近自己；相对地，踏脚台或椅子的使用方法，在使用与目的物完成不一样的东西这点，则需要更高一等级的发展。也就是说，需要在脑中连结关联性的作业。

Part 7
两岁宝宝

两岁宝宝在体型的生长发育上趋缓，
但在自我意识和各方面能力发展上都会有很大的进展，
接下来让我们带爸妈来看看，两岁宝宝的发育特点！

宝宝的生长发育

两岁时，由于身体各器官机能的成长与运动功能在生活中逐渐自主，因此两岁可以说是从婴儿转向幼儿的过渡期。在此时期中，宝宝会有哪些变化呢？

外观的成长

发育得较快的幼儿，有的在两岁时乳牙就全部长齐，开始咀嚼食物。通过咀嚼食物，使食物变细，然后与唾液混合吞咽。这种与成人相同的进食方法，开始明显形成。

因此，下巴开始频繁运动。也可以说是由于咀嚼，使得脸上的肌肉频繁运动，逐渐发达起来，并使下颚的机能发展，有一定的进展。其结果使得幼儿由圆乎乎的婴儿脸型，而变得有些修长。开口说话，也会使得嘴巴四周的肌肉及其功能得到发展，面部表情变得丰富，由婴儿容貌逐渐变成幼儿容貌。也就是说，在这个阶段，伴随着饮食生活、语言、自我意识的变化，容貌也开始变得有个性了。

🔼 发育快的宝宝，在两岁时乳牙就已长齐，并可以咀嚼食物。

牙齿的发育

过了两岁以后，口腔内长出被称作"第二乳臼齿"的牙齿，牙齿能咬合范围便扩大许多。这些牙齿上下咬合，将位于上下牙之间的食物磨碎，几乎是与成人以同样的方式食用各种食物。这颗大牙，大多是在两岁半左右时长出，迟一些的幼儿，到了三岁才会长出来，个体的差异非常大。因此，没有必要特别担心大牙长出的时间是否太晚。

如果说要担心什么的话，应该说是担心这颗大牙长出后的蛀牙情形。这颗大牙为了能咬合且能够有效地磨碎食物，齿面布满了许多复杂的凹槽，而且又是位于口腔最里面的部位，刷牙时很难充分刷洗干净，而容易导致蛀牙。如果这颗大牙长出得较早，则更需要注意保养。由于幼儿的进食功能明显发展，任何食物都能顺利地吃下去。此时，也是极容易产生蛀牙等疾病的时期，故需要充分注意预防。

体型的变化

与一岁幼儿相比，两岁幼儿的身体形态，由于手脚变长，体型多少显得修长起来。部分原因是由于可以开始步行，行走是宝宝在这个阶段的生活重心。由于行走的机会多了，下肢就逐渐变化为上述形态。除了上肢变长，手的运动机能充实，特别是手指的细微动作，也在幼儿的玩耍和生活中广泛展开。

另外，与一岁时相比，此阶段的成长速度大大减慢。即使如此，在这一年中，身高还是会平均增加7～8厘米，体重会增加2千克。此时期的特征是，在生长发育的同时，内脏器官、运动功能充实与形体的变化相吻合。也就是说，在身高的增长过程中，四肢明显伸长以适应步行和手的运用。

过去为了方便步行的O型腿，虽然在此阶段还有些残存，但每个幼儿的程度有所不同，有的幼儿可能已经变直，而有的幼儿甚至形成了X型脚。

此时，宝宝的饮食生活习惯也有很大的变化。在此之前的饮食种类中，以水分含量大的食物居多，使得幼儿的腹部看起来较大。而现在固态食物的增多，腹部容量变小，逐渐变得平坦。但即使是这样，在其下腹部还是会残留有像婴儿般的膨胀状。而身体的比例，也由于双腿变长，中心逐渐移至身体上半部。

到了这个阶段，幼儿基本的成长发展有了相当大的进展。不过爸妈要注意，不同宝宝的成长状况会随着许多因素而相异。

例如体重和身高方面的发育，会反映在父母遗传的基础上，并在往后的生活中，个体差异的幅度会逐渐扩大。

体态的成长除了与父母遗传基因有关，也与其日常生活有着非常密切的关系。特别是行走与咀嚼食物，对于往后下肢的发展与容貌等变化，有着巨大的影响。

此外，由于行走和语言的发展，人际关系的交往也开始萌芽。这种情况会直接或间接地影响到体态的成长。因此，从一岁左右开始，个体差异逐渐明显，这也是幼儿处在这段时间的特征。

身体机能的发展

婴儿在最初阶段，没有自理能力，其生长完全依靠成人照顾和护理。最典型的例子，就是腹中的胎儿。出生婴儿，可以说是"保护型育儿"，他们完全依靠父母和保姆的精心护理而生活。

出生半年以后，开始可以外出。而且由母体所获得的免疫机能断绝，开始容易罹患各种疾病。即使这样，幼儿自身也具有一些抵抗这些疾病的免疫机能。如果实在抵御不了，在经历各种疾病之后，就会逐渐形成较强的免疫力。

在两岁之后，随着运动机能的发展，孩子行动变得自如，通过各种亲身体验，使心理与身体得到同步发展。因此，在这个阶段内，难免会做出一些错误的行为。通常会在反复尝试后加以改正，而且常常会遇到经常性的事故，而体验到受伤的经历。由于这样的经历一再重复，幼儿会逐渐培养出能够自如适应生活环境的活动能力，为以后形成更加健康的体魄与勇气做好准备。

这个时期，幼儿已经具备了日常生活中最基本的能力，但是尚未达到完全掌握的程度，各方面都还可以说是尚未成熟。这时期开始逐渐有了"自我意识"，可以明确区分自己与其他人之间的关系。因此，对于其他人与自己之间的关系会做出各种反应。

所有这些成年人看来是处于"反抗期"的幼儿行为，即是上述的各种表现。如果旁人对自己施加什么行为，幼儿都会加以反抗。例如，过去能愉快地配合身体检查，到了这个时期，反而觉得非常反感，紧闭嘴巴而不张开。对旁人施加予自己的行为感到反感，并且极力反抗。如果自己的物品被拿走，会更加激烈地反抗。

这种行为，正是"自我"意识开始确立的佐证。在与旁人的交往中，幼儿会避免自己受到伤害，促使自己的心理与肢体得到进一步发展，使自己能够顺利地与人交往。幼儿身体自身的抵抗力，也是基于同样的道理。在感染疾病或是受伤的过程中，培育了对疾病的免疫力，并增强了对日常行为的安全意识。就这样，开始积极地步入健康状态。

运动机能的发育

1.步行平稳与手的操作

婴幼儿运动体能的发展，通常可以分为粗大运动和精细活动两部分。粗大运动是指步行、奔跑、跳远、单腿直立等全身运动与保持平衡的运动。宝宝到了两岁已经能够自由步行、奔跑，具备了较稳定的基本运动能力。

到了两岁的后半年，开始对滑梯、秋千、三轮车等游戏性运动器具表现出兴趣。精细活动是指单手拿物品、堆积木、胡乱涂鸦等运用手指的细微动作。对于使用蜡笔、剪刀、筷子等与生活息息相关的用具，虽然还不太灵活，但可以试着让幼儿独立使用这些用具。

这个时期的宝宝，虽然已能步行，手也能自由活动，但是仍然介于动作不太灵活的一岁儿与具备基本运动技能、动作协调的三岁儿之间的过渡阶段。一岁幼儿常见的别扭动作，到了两岁会有相当的改善，但是尚不如三岁幼儿那么熟练、平稳。

一岁幼儿将精力集中于一件事情时，不管脚下是否平坦，都会直接往自己感兴趣的地方走去。然而，两岁儿比较不容易集中精神，时常突然改变主意，去做周围其他幼儿做的事，或者坚持自己的主见，对违背他意愿的人说"不要"。两岁幼儿什么都想"自己做"，但实践的能力还不够。例如，独自拿碗，必须得到母亲的协助。无论是幼儿弄洒饭菜还是摔坏了，此时的母亲或保姆必须尽可能地尊重幼儿想独立操作的意愿。如果幼儿不亲自尝试，将来就不可能做得好。

2.步行、奔跑

两岁幼儿已能步行得很好，步行姿态稳定很少摔跤，还能行走较长的距离。虽然也能奔跑，但奔跑的动作还不够协调。这种情况会在六岁以前发生很大变化。奔跑时不能急速停下，并且方向的转变也不太灵活。

步行及奔跑可以提高幼儿的基本运动能力，跳远能促使平衡能力的发展。父母应尽量安排宝宝在公园或庭园内大步行走或奔跑。实际上，能够步行的幼儿非常喜欢户外活动，通过户外步行，幼儿的世界也一下子扩大了。探索行动的范围扩大，相关事物的知识增多，同时与朋友共同玩耍的机会也变得多了。此时的宝宝通过户外活动——步行、奔跑，充分体验、

⬆ 两岁宝宝在活动能力上已进展得很好。

感受了活动身体的快乐。

但是，两岁幼儿还不大注意周围的情况，也不会注意自己与汽车之间的距离。因此，作为父母必须时时守护在宝宝身边，必要时要能做出快速反应。

3.单脚独立

在两岁末至三岁初的阶段，宝宝能够做的另一项运动是保持单脚独立时的平衡。一开始单脚独立的时间不能维持太久，抬起来的脚会立即落下，以后维持的时间会慢慢增加。

单脚独立，表示幼儿的平衡机能有很大的发展。这也可以说是为单脚跳和两脚轮换、轻跳等游戏活动打下基础。不需要特别进行单脚独立的训练。例如可以叫幼儿做模仿相扑运动员，交替高举两脚用力踏地的准备运动，或是教幼儿单脚独立、两手臂平伸，模仿飞机飞行的游戏。

4.跳跃

宝宝自从会跑后，也就是一岁的后半年，开始会尝试跳上、跳下的活动。当然，一岁儿的动作还不灵活，常常出现双脚不能同时落地，屁股摔坐在地上的情况，到了两岁就比较行动自如。

诱发幼儿做出蹦跳的动作的起因，也许是模仿父母、保姆、朋友的动作，或从电视上看到、突然发现等。蹦跳也是遵循"新学会的能力、反复实践、尝试"这一发展的规律。幼儿会反复地蹦跳，有时候从沙发上跳下来，不过常常会被家人制止。如果条件允许的话，最好让幼儿随意蹦跳。当然，如果住的是公寓或高层建筑，当楼下住户有意见时，就不得不制止宝宝的随意蹦跳。因此，应多多安排幼儿到户外活动，可以在各式各样的场合让幼儿尝试向下跳，如低

台阶、沙发或散步时路上的小坡，楼梯的最低一阶，都可以牵住幼儿的手，让他跳下。不管怎么说，往下跳对幼儿来说，是一种挑战，稍稍拿出勇气，跳下，这时幼儿会觉得非常满足。

有时幼儿会因为恐惧不敢往下跳，对于这些幼儿，可以牵住他们的双手或支撑着他们的腋下，让幼儿们觉得放心，再给予鼓励。不需要强迫他们往下跳，如果以他们放心的方式多跳几次以后，他们会开始想要自己跳。害怕往下跳的幼儿，多半是由于害怕身体做如此巨大的移动。大人们可以在平常带幼儿玩耍时，做一些把孩子举高、倒立等的动作，让幼儿不再感到害怕，逐步克服恐惧心理。

5.跳舞

幼儿从一岁左右开始，会随着电视上的幼儿节目或者舞蹈音乐而扭动身子，但是此时只是感受到乐曲的节奏而扭动身体。到了两岁以后，姿势会逐渐地与电视中的哥哥、姐姐的动作相吻合。虽然动作还不太连贯，但是可以大致记住旋律，偶尔还能连贯记得某一段。小男生到了三岁，还会模仿电视节目中勇士的姿势"变身"，这种情况也可以看作是幼儿对强者的憧憬。从运动这个角度来思考，这意味着幼儿已能够进行模仿、记忆动作及蹦蹦跳跳了。

6.被动式的运动

幼儿非常喜欢与大人一起玩耍，特别是喜欢将身子剧烈晃动、旋转等自己做不到的运动。因为平时没有这样的体验，而且稍稍带点刺激。当然这样一起玩耍，对于父亲、母亲、保姆来讲，也会感到非常愉快、满足吧。

例如握住幼儿双脚的脚踝，将其倒立；让幼儿

双手向前支撑，弯腰、翻筋斗；模仿相扑运动员的游戏，发出可以开始的口令，两人双臂架住、一边使劲"嘿哟"，然后把对方扳倒、摔出去。再想想其他各式各样的游戏方法吧！像这样被动式的运动，对于幼儿而言，是与大人愉快相处的机会，也是体验自己不能做到的姿势与运动的好机会。这些体验会成为幼儿自发进行运动的基础。例如，在大人帮助下翻筋斗的体验，使孩子了解到翻筋斗这项运动，渐渐地学会自己翻筋斗。不仅有这些直接相关的帮助，各种姿势、运动的体验，还可以在整体运动技能的培养方面发挥良好作用。

与幼儿进行这种游戏运动时，还有一个重要问题是，不要让幼儿感觉恐惧，更不能勉强幼儿去做，游戏时应紧紧支撑幼儿的身体，或者放慢动作，在幼儿感到安全的情况下进行。如此一来，幼儿一定会逐步主动要求玩这些游戏。看到小朋友们愉快地玩游戏时，也会让他们产生想要这样玩的欲望。

7.玩积木

两岁的宝宝已经能在头脑中描绘眼前并不存在的事物，这可以从幼儿的玩耍中反映出来。例如，幼儿过去玩积木时，只是把它简单地重叠"并排、推倒"，从中得到乐趣。到了两岁，就能将积木组合，构成"家"、"隧道"之类的形状。有的幼儿能将几个积木并列成"道路"，用手将玩具电车放在上面推动。进行这样的游戏，除了需要幼儿仔细观察，将想要堆砌的物体在脑中描绘之外，还需要手指做细微的动作和集中注意力。

这种"组构物式"的玩耍，还有其他例子。如在沙地上把沙堆成"山"、"蛋糕"等形状，或用黏土玩耍等。这个时期的幼儿还能使用剪刀、剪纸，以

及灵活地运用汤匙。

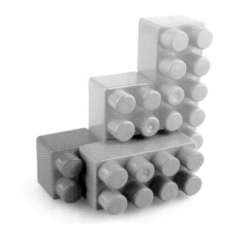

⬆ 玩积木可提升宝宝的建构能力。

8.玩球

球类运动也是幼儿非常感兴趣的。在玩球的过程中，通过接球、投球、踢球、奔跑、拍球等动作，体验各种运动技能。

根据研究，幼儿过了两岁后，对于正在滚动的球的动作，逐渐能判断球滚动的速度，使球停下并拿起来。当然，这种能力每个幼儿都有一定的差异。有些幼儿能够判断球滚动的速度使球停下；也有的幼儿会在球已滚过身旁，才会跑过去追。

幼儿掷球的动作，刚开始与其说是"掷"球，还不如说是走到对方身边将球放下来。到了一岁半至两岁左右，才会出现一手抬至肩上投球的动作。运动会上的投球比赛中，可以看到一岁幼儿是走到篮框旁边将球扔下，而两岁幼儿已大致有了投球的动作。会

踢球也是幼儿到了一岁的后半期才会出现的情形。球有各式各样的类型与大小，父母们可以准备一手就能握住和必须用双手才能控制住等几种不同大小的球给宝宝练习。

9.运动器材——滑梯、秋千、三轮车

两岁幼儿，开始对滑梯、秋千、三轮车等运动器材表现出兴趣。玩滑梯时，能够登上阶梯以坐姿下滑，有时还会模仿其他幼儿，用腹部紧贴滑板滑下。可是两岁幼儿有时注意力不够集中，在爬阶梯的时候，也会有粗心踩空的时候。而且，幼儿们经常不依照次序排队，互相着往上爬。有时遇到玩滑梯的小孩不多时，常常会等不及爬阶梯，在其他小孩想要往下滑时，就直接从滑板往上爬。看到宝宝有这种行径时，应该教育孩子依序爬队，避免推挤发生危险。

此时的宝宝还不会自己玩秋千，如果大人从旁支撑幼儿的身体，帮助晃动秋千，孩子会觉得十分开心。两岁儿对三轮车也很感兴趣，虽然还不会踩脚踏板，而是采双脚蹬地使之前进，而且无法灵活地转动方向。如果是小型三轮车，有些幼儿就能自己踩脚踏板。由于操纵三轮车，需要眼睛确认行驶方向、双手操纵方向盘、双脚踩脚踏板，是相当高度协调的动作。因此可以积极引导幼儿多玩这类型的玩具，对幼儿运动机能的发展会有很大的帮助。

10.培养两岁儿的运动技能

两岁幼儿已能自由步行，动作也明显不再笨拙，手指也能够进行相当程度的细微动作，而且对周围所有事物都充满兴趣，想靠近、观察、尝试。而且懂得坚持自己的主张，积极发挥自己的能力，是名副其实的"小挑战者"。也因此，两岁是父母时刻操

心、一刻也不能离开守护的时期，不知不觉地，母亲制止或训斥幼儿的次数增多了。在安全方面，尤其必须特别小心，避免孩子受到严重的伤害。但也不能有些许的擦伤就感到大惊小怪，只要在避免幼儿受到严重损伤的前提下，给予幼儿充分发挥运动潜能的空间。走路、奔跑、蹦跳等都是幼儿们喜爱的运动，何况反复重复新学会的运动对幼儿来说是必要的。

两岁幼儿们想独自做一些诸如拿碗、往杯子里倒入牛奶等事情。虽然幼儿的动作已不太笨拙，但控制动作的能力与注意力仍嫌不足。因此，偶尔会有把杯子打翻、弄洒牛奶的现象出现。此时大人应尽量给予幼儿练习的机会，让他通过这些失败的经验锻炼自己的能力，提高动作技巧。尽量不要制止幼儿自立欲望的发挥，只需在旁仔细守护即可。

⬆ 让幼儿学会挑战。

宝宝的饮食

两岁宝宝的自我意识将比一岁宝宝的更加强烈，因此在饮食习惯上会需要爸妈更多的用心指导与管教，接下来我们带爸妈一起了解两岁宝宝可能出现的饮食问题。

培养良好的饮食习惯

幼儿到了两岁的阶段会变得非常好动，还会预先考虑自己的行动。如果行动起来不像自己所希望的那样顺利的话，还会发脾气，并且拒绝接受父母的意见，有自我独立的主张。

这就是所谓"反抗期"的开始。幼儿在这段时期的饮食生活中，这种情绪会以各式各样的方式表现出来，例如常常会在吃饭的问题上出现各式各样的麻烦。但是，如果父母总是压抑宝宝的这些反抗行为，就会影响幼儿自发地去完成事情的欲望；相反地，如果过度放纵，也会使幼儿变得没有自制力。因此，作父母的应巧妙地抓住幼儿这个时期的心态，借机培养宝宝良好的吃饭习惯。随着幼儿的成长，爸妈要逐渐了解幼儿的要求与感情，并能采取最适当的方法予以解决，从而使幼儿加深对周围亲人的信赖感。在母子相互信赖的基础上，尽量减少训斥、禁止等教育方法，可以说是培养幼儿养成良好习惯的诀窍。

两岁的幼儿，已经开始懂得"等待"吃饭，如果宝宝表示还想要吃某种食物时，告诉他"已经没有了"，他是可以听懂的。按照规律的时间和固定的分量加餐，还能为幼儿的社会性打好基础。

点心的给予

由于两岁幼儿活动频繁，食量也增加了，但食欲时好时坏，还不能一次吃很多。同时，外出的机会增多，有了朋友，见闻也多起来，开始知道还有过去父母没有给予过的食物，因此会主动要求增加饮食，如点心或果汁类。对幼儿而言，"甜味"是具有很大诱惑力的，不要只因"糖对牙齿和身体有害"而完全禁止宝宝食用。由于幼儿已在一定程度上懂得一些道理，最好选择较好的机会，适当给予他们一些甜食。

另外，有时母亲会担心幼儿的食量不足，便通过午后点心来补充营养与热量。但如果每次说要就给，点心的次数增多后，反而使正餐时食欲降低。在这个时期，由于相对固定的饮食规律还未形成，特别是糖果、口香糖、巧克力等很甜的糖果类会影响食欲，还会过量摄取糖分，这与两岁幼儿较常发生蛀牙等口腔疾病有着很密切的关系。午后点心的次数增多，口腔内残留含糖食物残渣，使口腔保持清洁的时间变短，这就是引起蛀牙的直接原因。幼儿从出生6~8个月开始长出乳牙，到2~3岁时，已经完整地长出20颗牙齿。为了长久保护幼儿像珍珠般光洁闪亮的牙齿，要特别注意幼儿午后点心的摄取方法，并且在幼儿吃完饭后，指导他们喝水或是刷牙。

这个时期，给予幼儿点心的量，其能量大致可以为全天摄取总能量的10%~15%。一般而言，两岁幼儿所需要的热量为5040~6300千焦。所以午后点心需要504～756千焦。可以用牛奶作为补充钙质的来源，一天最好能给400毫升左右，并作为一般午后点心饮用。除此之外，再准备大约合能量210千焦的食物就行了。

在点心的选择上，不能因为点心不是正餐，就过分地给幼儿糖分。幼儿喜好的巧克力、糖果、奶油蛋糕、日式糕点、各种清凉饮料、乳酸菌饮料等甜味食品，所含热量很高，不仅容易使幼儿对其他食物没有食欲，而且也容易导致蛀牙。在宝宝两岁以前，尽量不要让他食用这些味道浓的食品。给孩子的点心最好以水果、牛奶、薯类、谷类等自然食品为主。如果想采用市面上出售的食品时，请避开味浓、添加香料的食品，尽量选择不含糖精、色素等添加剂的食品。

而在给予点心的时间方面，午后是一个较为适合的时机点，因为对于幼儿来讲，午后的点心不仅可以补充营养与水分，对于其精神方面，也有着重要的作用。专家学者曾做过以下的实验，在育儿中心内，被给予果汁的幼儿与未被给予果汁的幼儿相比，精神方面更加稳定。很明显，午后点心可以给幼儿带来精神上的安慰。也有很多人都注意到，烦着父母要点心和等待点心到来时幼儿的表情和神态，与吃点心时的情形完全不同。午后的点心，能使幼儿精神振奋，达到稳定情绪的作用。

妈妈可以将点心时间充分利用，成为与正餐气氛不同的另一种与幼儿亲密接触、对话的时间，同时还可通过点心时间适当地控制幼儿糖分的摄取量。只要妥善利用点心时间，多与孩子亲近，这样即使不给孩子甜食，也可以让孩子得到满足。

若因某些因素使得爸妈无法在午后进行点心的给予，至少爸妈要做到固定点心时间，因为不规则或频繁的午后点心，不仅会引起蛀牙，还会导致食欲不振，打乱宝宝的饮食习惯，从而损害健康。有调查指出，大多数出现原因不明的不适感（身体没有明显的疾病，但出现头痛、腹痛、容易疲倦等症状）的幼儿，都是由从午后点心中摄取的热量比较高所致，也就是占了日总摄取量的37%以上。

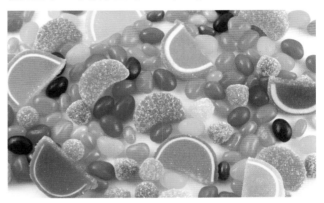

↑ 给孩子的点心需避免不健康的食品。

饮食的偏好

现在，可供食用的食物种类繁多，正因为如此，反而会引起人们对某种食物的偏好。同样地，幼儿在饮食中，必然会出现一定的偏好。当幼儿对食物表示好恶时，其表现的程度与时期以及食物的种类有很大的差异，很难确定是否偏食。我们从每天的营养方面来看，有些幼儿不喜欢吃鱼，但喜欢肉类、鸡蛋、牛奶；不喜欢吃芝士，但喜欢喝优酪乳、牛奶；不喜欢青椒、洋葱，但喜欢菠菜、白菜、西红柿等等。经常还会因为烹调方法的不同，而只吃这种方法做的菜，或不吃用某种方法做成的菜。

如果母亲因此根据幼儿的喜好来做菜的话，将会助长幼儿偏食习惯。更重要的一点是，不要过分操心如何为幼儿选择食物。勉强让幼儿吃某种食物，或者改变烹调方式让幼儿吃某种食物，这样反而会助长幼儿的厌恶情结。且此时期所表现出来的偏食，还不至于影响到幼儿。偏食大约从一岁过后就能见到，并在独立意识增强、可以自己进行选择的2~3岁时最常见，而在往后逐渐减少。试问自己在幼儿时期不喜欢的食物，到了成人时仍然不喜欢吃的情况有多少呢？而且，也没有因为对食物的偏好而引起营养不良或营养失调吧！除了会导致营养失调的过度偏食以外，从我们进行营养指导的经验看来，问题多半在于家长不能掌握儿童偏食至何种程度需要注意，并采取措施所引起的。因此，在幼儿的发育过程中，对食物的生理方面的需求也会有很大的变化，倒不如准备好各种食物，让幼儿自由地发挥，如此还能有效地避免偏食。

餐具的使用

幼儿的饭桌上，经常放着有美丽图案的碟子和把柄部分稍微粗大的汤匙及叉子等餐具，幼儿使用这些餐具吃饭时，往往会出现令人捧腹的滑稽场面。在宝宝一岁时，虽然给他汤匙和叉子，他却经常直接用手抓食物往嘴里送。到了两岁，幼儿能用手同时拿碗和汤匙进食。嘴唇的功能进一步发展，紧闭嘴唇的力量增强，甚至能将水含在嘴里"咕噜咕噜"地鼓起腮帮子。也能够手持汤匙或叉子，将适量的食物送入口中，顺利咀嚼，而且将咀嚼后的食物分数次吞下。如此一来，不论多少食物，都能顺利地进食。

关于使用餐具的熟练程度，两岁幼儿能顺利地用汤匙在碗内舀起食物，但还不能将较大的食物细分，只能取其中的一部分。这个时期，有的幼儿还能左手拿碗、右手握筷，两手同时握住不同的餐具。这时，可以开始让幼儿在饭桌上使用筷子，但是不需过分急躁地强迫他们正确地使用筷子。因为这时的幼儿还不可能熟练地使用筷子，过分矫正只会使他们失去学习的兴致。

到了两岁半左右，幼儿已能熟练地握住汤匙和叉子，也能够用筷子夹面条吃。但是，不需要强求他们注意握筷子的方法或用正确的方法握筷子。过分强调这一点，会令幼儿感到麻烦而失去对吃饭的兴趣。大约等幼儿到了3~5岁，再教他们正确的握筷方法，他们通常很快就能掌握。

幼儿在练习过程中，一定会因为不熟练而弄翻东西，因此吃饭时，需要周围的亲人给予一定的帮助。但是，有时幼儿也会因为周围亲人的帮忙而发脾气，不能顺利地吃完一顿饭。在这种情形下，耐心就非常重要，并巧妙地抓住机会，教他进食的方法。过分干涉幼儿的进食方法与培养餐桌礼仪相比，培养他们独立进食的习惯更为重要。

↑ 到两岁半，宝宝通常已经可以顺利使用餐具。

食欲不振

幼儿在2~3岁时，常常会出现吃得很少、食欲不振的现象。随着年龄的增长，这种情形会逐渐减少，据说十人之中只有一人容易出现上述情况。正如成年人也会出现时而食欲大增，时而茶不思、饭不想的情况一样，幼儿的食欲也会有它特有的波动。其中有一生下来就对食物兴趣较小的先天性食欲不振。

不过也有部分原因是许多母亲神经过分紧张，对育儿没有自信或者对幼儿期待过高、过分关心有关。过去，有80%~90%的母亲都会诉说自己的幼儿食欲不振。渐渐地"肥胖儿"增多以后，又成了另一个大问题。最近认为幼儿食欲不振的比率有所下降。相反地，却又开始担心幼儿吃得过多。所以，母亲对幼儿的食欲方面的思维，多数是她们主观上的想法。

食欲减少的原因，首先要确定是不是内分泌失常、感冒等疾病引起的。但是造成食欲不振的原因，多半是由疾病以外的因素所引起的。第一个原因是，母亲吃饭时的态度与育儿方法有问题。首先应反省，吃饭时有没有强迫幼儿进食的情况？是否创造了一个愉快的进餐气氛？在育儿方法上，是否有溺爱与骄纵的倾向？我们经常遇到认定宝宝吃得太少或食欲不振的母亲，完全不理会幼儿的态度与心情，一味强迫他们进食。吃饭时，尽量安排一家人聚在一起，当幼儿开始边吃边玩时，作父母的可以将吃饭时间控制在30分钟以内，比起强迫幼儿进食来得更重要。

其次是确认幼儿在吃饭时，肚子是否已经饿了，检视午后点心的分量是否适当，进食时间是否规律，以及果汁、牛奶类饮料是否喝得太多。

此外，还需要检讨幼儿的生活是否有规律，运动量够不够，并在烹调食物和装盘时多下一些功夫。比如，幼儿喜欢色彩鲜艳、形状可爱的物品，妈妈们可尝试变换食物的色彩，创造新的切割刀法，来引发小宝宝的食欲。偶尔让孩子与朋友一起吃饭，改变一下用餐气氛，或许会对幼儿食欲的增加有所帮助。

舔手指与吸吮

零岁的宝宝经常会出现舔手指的动作，一岁生日过后，就逐渐不舔手指了。但是，如果是困了想睡觉，有时还是会很自然地将手放入口中吸吮。舔手指这个动作，在婴儿期内，对婴儿口腔机能的发展发挥了重要作用。这种作用，在过了乳儿期后就变得不必要了，大多数幼儿就不再将手指放入口腔。但事实上，也有少数幼儿到了两岁还有舔手指的习惯。除了舔手指，幼儿在两岁后，吃饭时会在口中含着食物，像吸奶般"吱吱"地慢慢吸吮，而不愿将口中的食物吞下。

为什么两岁宝宝还会有舔手指和吸吮的动作呢？其实这些动作是宝宝的一种心理反映。我们在研究两岁以上的幼儿的进食方法与白天舔手指的动作时，特意区别幼儿的这种动作，是不断持续至今，或是一段时间消失后又重新出现？结果显示重新出现这种现象的幼儿，大多是因为有特殊的原因，尤其是搬家、有弟妹出生、开始进托儿所等。大多数原因主要来自于环境的改变，也就是说，因为环境的突然变化，造成幼儿的不安，使得他们通过对敏感的手指、口（或舌与唇）的相互摩擦刺激，达到心理平衡，使自己充分得到满足。吸吮和舔手指的动作，都是通过运用自己婴儿时代的习惯动作——吸吮乳汁，使自己的身心重新回到婴儿时代，让自己紧张的心情得以放松。

宝宝的健康

两岁宝宝容易出现腹痛的情形，因情绪所引起的不适感也会增多，因此我们要带爸妈来看看，如何在生活中观察宝宝的健康状况，以及健康检查与预防接种时要注意的事项。

宝宝的健康检查

　　幼儿到了两岁，身体发育速度比以前逐渐减缓，无论是体重的增加，还是身高的增长，都比一岁时有所减缓。但是，幼儿的运动体能和智能的发展速度却又非常明显。这是幼儿身体发育规律的重要特点，也是幼儿健康成长的重要指标。

　　身体逐渐长大，也就是说身体的成长，这就与许多要素有密切关系。最具代表性的，可以说是营养与健康状况。营养，当然与饮食摄取量和食物品质有关。幼儿到了两岁食欲还不固定，有时吃得多，有时又吃得少。这种现象也与幼儿精神发展关系密切，如果食欲不是过度不规律，则不需担太多心。当然，食欲不是唯一的标准，精力与情绪的好坏，也是衡量宝宝健康与否的重要标准。

　　健康状态的检查，必须每天进行。在家庭中，也许很少做到在固定时间检查。其实我们不用把它想像得过分困难，只需要掌握幼儿的行动、脸色、食欲、睡眠、精力等情况，及时发现异常的变化并时常与医师保持联系即可。这时有关幼儿在发育阶段的体质、发育状况等，也可以作为医生的重要参考资料，提高诊断和治疗的效果。因此，如果能每天坚持详细观察幼儿的状态，就能及早发现幼儿的异常。

　　常见的幼儿异常状态，会随着发育的各个不同阶段而有所变化。一般幼儿易患咳嗽，但到了两岁以后，这种情况会逐渐消失。或许是幼儿的上呼吸道黏膜逐渐发育成熟的缘故，或者黏膜对寒冷刺激的抵抗力增强。这种变化，在各方面都有新的表现，例如不再呕吐、不再腹痛等现象。这些变化都很重要，应该把过去常见的变化情况详细告诉医生。

　　幼儿如果生病，大多数疾病都会妨碍身体的发育。这是因为疾病本身在很大程度上直接抑制了身体的发育，还能间接地影响到幼儿的食欲，妨碍肠胃等消化器官的吸收及新陈代谢。疾病治愈后，食欲大多会比以前旺盛。过去因患病而被妨碍的身体各部分的机能也会开始渐渐恢复，发育急速增快，尤其表现在体重方面。因此，两岁幼儿体重的增加也可以作为是否健康发育的判断标准，爸爸妈妈们可以定期测量并加以记录。

　　每一个幼儿都有他一定的状态或症状，只要仔细观察，即能完全掌握宝宝的健康状态。如果母亲或者保姆发现幼儿有异常状况，应立即且完整地告诉医生。医生再根据母亲或是保姆的描述，经由检查发现疾病，再制订治疗方案。

　　宝宝到了两岁的时候已经可以自己向母亲或保姆诉说疼痛。在这个阶段，往往是说"肚子痛"。此时有可能是真正感觉到腹痛，也有些是宝宝作为逃避他不想做的事情的借口。这种情况，也要告诉医生。

　　关于幼儿身体是否健康的检查，并不是只有依靠医生才能做到。因为幼儿每天的健康状况，可以根据每天的生活状态来判断，详细观察宝宝身体有无异常，是做妈妈的或是保姆每天重要的"功课"。

宝宝易患的疾病

幼儿最容易患的是各种传染性疾病。尤其幼儿到了两岁，到户外玩耍的机会、时间增多，患传染性疾病的概率也相对增加。如果有上托儿所，则是更容易患病。麻疹、腮腺炎、水痘等一定避免不掉。

幼儿到了两岁，腹痛的概率也会急速增多，但一般都只是腹部疼痛。有时即使不是腹痛，也会嚷着"肚子痛"。而且神经容易紧张的幼儿也常常说肚子疼，特别是肚脐周围的疼痛，称作"反复性脐疝痛"。这并不需要特别的治疗，只要稳定幼儿的精神即可。

两岁以后的幼儿，由于情绪方面有显著的发展，就必须开始注意宝宝是否有这方面的障碍。有时虽然情绪障碍不太明显，但会伴随出现以下的身体症状，例如：呕吐、腹痛、频尿等症状。呕吐是较为常见的症状之一，通常神经质的幼儿会由于精神紧张而引起呕吐，吐出来后，身体会较舒服、清爽一些。

还有一种"精神性腹痛"，由于过去腹痛时得到母亲或保姆的细心照顾，幼儿有了这种良好记忆，因此当自己不利的事情快要发生或已经发生时，就说自己"肚子痛"，期望得到大人细心的照料，让自己的精神得以放松。例如，不想吃饭或者不想去托儿所，就喊"肚子痛"来逃避。当幼儿说腹痛时，必须细心地替他按摩腹部，使之情绪稳定下来。

婴儿期的宝宝其呼吸声响通常较大，这种现象到了幼儿阶段会逐渐减少。但是，从这个年龄层开始，有些会逐渐转为气喘病儿。气喘病常由过敏引起，有时会突然出现呼吸困难。此时应尽量注意幼儿的体能锻炼，可减少发作的次数。

由于体态的变化和行走姿态的变化，幼儿下肢的形态开始引起大家的重视，婴儿期不太明显的X型腿、O型腿急速增加。婴儿期X型腿是由于生理原因引起的，但是随着走路逐渐熟练，行走的姿态便容易引起大人的注意。如果行走时极容易摔倒或者是两腿不听使唤，可能需要整形外科医生的治疗。如果没有什么特别的症状，到了4～5岁就会自然痊愈。

另外，父母在怀疑幼儿患了某种疾病前，必须多进行观察。如果到了两岁，情况仍没有改善，最好到医院进行一次专门的检查。例如隐睾症，它是指男宝宝的睾丸没有进入阴囊内，这种症状一般会在两岁之前自动改善。如果到这个年龄，睾丸还未进入阴囊的话，那就要接受专业医生的检查，否则会影响到睾丸的发育与生殖机能。这时应送宝宝到小儿科医生处进行检查，如果有必要的话，还得听一听泌尿科医生的意见，当然首先应该请小儿科医生检查。

幼儿的斜视，过了两岁也会大大减少。但是如果怀疑自己的宝宝患有斜视，最好找眼科医师检查。一般来说，大部分的内斜视都被称为"假性斜视"，随着幼儿的发育成长会自然痊愈。但多数外斜视就很难自愈。斜视不单单是仪容方面的问题，它还会影响到幼儿将来的生活，有时还会造成学习上的障碍，应当尽早治疗。

宝宝的教养

因自我意识的提升，在针对两岁宝宝的教养上，有更多需要注意的细节，我们从生活习惯、语言能力、智力发展、情感发育和与他人的交流，来探讨两岁宝宝的教养方式。

生活习惯的培养

1.穿脱衣服与睡眠

在宝宝想要自己穿脱衣服的时期，最好准备幼儿容易穿脱的衣物。即使多花费一些时间，也要让幼儿学会独立穿戴衣物。刚开始只会戴帽子、扯下短袜、脱下短裤等。到了两岁六个月左右，就会将简单的上衣、裤子穿上。在托儿所里，午睡时必须脱衣。如果是在家中，幼儿有时会在吃午饭时就开始打瞌睡，父母多半会让幼儿和衣睡下，有时会睡得满身大汗，起床后，要记得替他更换内衣裤。

午睡与夜晚的睡眠时间也会表现出较大的个体差异。有些幼儿需要充分的睡眠，而有些幼儿即使睡眠时间较短也无妨。睡醒时，有些幼儿一下子就清醒过来，有些幼儿则醒后情绪不好。因此，应仔细观察他生活的规律与必需的睡眠时间，尽量让他的睡眠具有规律性。

幼儿睡着时，开始出现手上必须握有某种物品或吸吮手指的情形，有的则需要父母在睡前握着幼儿的手，为他唱儿歌或讲故事直到他睡着。

2.排泄的习惯

两岁幼儿还不能独立完成大便、小便，教授他方法时，会跟着学习，但难免会有失败的情况。此时

⬆ 两岁宝宝有时候需要爸妈握着手才能入睡。

应尽量耐心地教导，让幼儿逐渐能独立排便。

另外，两岁前后的一段时期，在家里时，如果母亲说："我去小便。""我也去。"幼儿会立刻跟随进入洗手间。这时不要生气，只要平静地告诉孩子："妈妈会觉得害羞的。"如此幼儿追逐着一起进入洗手间的这段时期会很快过去。

孩子排泄的情况

1. 如果早点说想大小便，可以带他去厕所。可是，如果他玩得正高兴时，就会忘记上厕所而弄脏裤子。
2. 已经自己会冲水，想要拿纸自己擦，但还不太会擦。
3. 大多在午饭后排便。排便一般都不会失败了。
4. 不想中断玩耍而小便失禁弄脏裤子的情形以小男孩居多。
5. 还不能完全自己使用卫生纸。
6. 洗手时，常常把袖口弄湿。
7. 不告诉大人说要小便，就自己去小便。
8. 女孩大多已能独立穿好裤子。

3.不要打乱生活规律

到了两岁的后半年，因为幼儿已能完全听懂父母的话，父母总想"不管怎么说，都已经懂事了，说一次就能听明白"而认为孩子会更加听话。可是，由于幼儿的"自我主张"日益明显，即使到了睡午觉的时间，孩子已经非常困倦，也会因为想看电视，和客人、朋友玩耍而坚持不去睡觉。偶尔如果从下午四五点开始睡，会一直睡到第二天早晨才起床，如此一来就打乱了日常生活的规律。

因此，负责照料小孩的大人们就应该掌握好安排家务活动的时间，尽量不要扰乱宝宝的生活规律。例如，将扫除、清洗工作延后，上午带宝宝到公园玩耍，充分活动身体，午睡时间一到就让他小睡一下，贴心地为宝宝营造规律的生活。

4."自我"的萌芽时期

对于两岁幼儿来说，这个年纪是既有独立尝试各种事物、到各处去的愉快时光，也有被大人禁止做想做的事或遭到训斥等沮丧的时候，是满足感与失落感不断交错的时期，可以说是愉快与摩擦持续交错的时期。此时的宝宝已经稍稍懂事，让他去洗手，就会听话去洗手；让他拿报纸给爸爸，也会拿来。但是，当你心想"毕竟已有两岁，可以轻松一些了"时，说不定什么时候，他又立刻判若两人变得不懂事，常常会因为父母不愿让他做自己想要做的事情而生气发火、哭闹不止。这真是令人头痛的年龄！

特别是与最为信赖的母亲之间的摩擦频频增多，心情也容易变得不稳定。因此父母们必须充分体谅宝宝的心理变化。当幼儿情绪不稳时，就想"还是孩子嘛！所以不懂事"。幼儿情绪稳定时，就让幼儿独自玩耍，尽量保持幼儿生活的平静与心理平衡。从成人的眼光来看，幼儿有容易照料和不容易照料两个阶段，两岁幼儿可以说是处于不容易照料的时期。

因此，照顾幼儿的父母或保姆，要确实掌握幼儿的心理，做到善于容忍，切记不要让自己情绪失控。有时更要以严肃的态度，阻止幼儿做危及身体安全或可能产生严重后果的举动。时常提醒自己在兼顾幼儿生活安全及维持幼儿心情愉快之间保持良好的平衡度。

5.独立操作

在成人眼里，明确反映出幼儿开始自立的第一步，是在幼儿表示"独立操作"的意愿时。即使是让幼儿独立操作，他也还不能做得很让人满意。做事慢吞吞地且相当花费时间，会让大人们不由自主地想去帮忙。但是有时只要大人一插手，他们又会立刻大哭，而且想使之恢复原状，非常费时费劲。这种情况真是不胜枚举。

　　"说要自己脱衣服，想到会太浪费时间，就帮他脱下短裤，他反而生气地嚎啕大哭，好一会儿都停不下来。"、"在游乐园坐完飞行塔后，想要自己下来，大人抱他下来，就大哭不已，还弄出了一身汗。"、"因为说要自己倒果汁，就让她自己倒吧！但是瓶子太重了，怕她弄洒了；帮她倒好时，她反而哭了起来。"当幼儿哭起来了，就让他按照自己的意愿，重新再做一遍，这是抚慰幼儿最有效的方法。而明确地向幼儿道歉，也能平息这场"风波"。如果严厉地训斥他，那只能得到火上加油的结果。如果时间紧迫，明明知道会让他哭泣，迫于无奈也只好在帮助

　　↑ 若大人插手孩子的独立操作，孩子容易生气及大哭。

之后向他道歉，否则是会妨碍幼儿独立操作意识的发展的。

　　虽说要自己来做，但也并不是指幼儿能自己做生活中所有的事情。例如孩子对于自己的玩具，都要自己亲自收拾整理。因此，什么玩具放在哪里，他都记得非常清楚。或是孩子对脱衣服与扣钮扣产生了浓厚的兴趣。只要大人一不留神，帮他扣上了钮扣，他就会大声嚷嚷着："我来，我来！"并把已扣好的钮扣全部解开，重新扣上。

　　每一位幼儿想独立做的事情并不相同，只是表现出"独立创作"的意志时，会相当有耐心地把事做完。父母亲不要因为觉得太慢而去制止他，即使花费较长的时间，也要尽量忍耐。幼儿会觉得自己不能独立完成时，就会说"帮帮我"、"我在这儿"等希望得到帮助的话，或以某种方式来表示以上的意愿。这时，我们就可以去帮助他。

　　这个时期，在他不论做什么事时最好都保留充裕的时间，这样可以提前进入下一个行动。当然，请不要忘记以一种宽厚的心态对待他。

表达与语言

1.语言的扩展——"这是什么？"

　　两岁时期的幼儿，对语言十分感兴趣，语言数量的累积也会迅速增多。但是，如果要说产生兴趣的原因何在，或许大家都会赞同是幼儿想用语言与母亲和周围的人交流，用语言加强与大家联系的心理所驱使，而对语言产生极大的兴趣吧！

　　幼儿两岁时期，如大久保爱所指出的，是"第一期语言获得期"。而且，这个时期，由于对物体的名称特别感兴趣，因此也被称为"命名期"。通过

反复问"这是什么"的问题而记住的单句，幼儿也会寻找机会，再次使用这个单句。例如，每次经过同样的地方时，会高兴地说："花还在那儿"。看见图画书，就会向你报告他所知道的"有花花"、"有叶子"等。并且，将自己描绘的各种图案标注上"这是花"，将积木递给你说："请吃蛋糕"。

事实上，幼儿在一岁生日前后，开始说第一句话之后，到两岁前后语言的增加数大致为300个字。相较之下，相同的一年时间，从两岁生日到三岁生日，增加了一倍的语言，即开始使用600个左右的新单句。

两岁幼儿的另外一个特点就是爱发问。尤其是两岁前后，会以多得令人厌烦的次数反复地问，如"这是什么？""是花，漂亮的小花。""那个呢？""那也是花。""那个？""啊，那是花儿，还没有开，很小，还是花苞。""花苞？""是花儿的婴儿。"像这样，幼儿会一个接一个地问"这是什么"、"那是什么"。这表明幼儿开始对语言表现出强烈的兴趣。而这样的兴趣，可以使他逐渐了解新的语言，并将其变成自己的语言。因此，请热情地接受宝宝"这是什么"、"那是什么"的发问，并郑重回答，这是培育幼儿语言的要点。

当被反复地询问"这是什么"时，虽然很忙也觉得很烦，仍然要十分认真地一个一个回答。但是，幼儿一会又会指着同样的东西问道："这是什么？"这时，大人可能会不由自主地提高嗓音说："这是缝纫机！刚才不是跟你讲了吗？"两岁的后半年，幼儿也常常会问"为什么"这句话，大人也会被问得觉得有些烦躁，甚至答道："怎么老问为什么？"这是由于幼儿对"这是什么"、"为什么"之类的内容发生兴趣的同时，还发现这种发问方式，可以向对方提起话题。因此，有时虽然明知道答案，也会因为想多与母亲说话而故意问道"这是什么"，此时，母亲可以试着反问一句"这是什么？"或者装作很为难的样子说："这个，这个，这是什么呢？"幼儿会立即抢着回答："这是缝纫机！"这样，令人觉得烦躁的问题，就变成了与幼儿一起分享语言游戏的欢乐

2.句子的扩展——"为什么？"

按大久保爱的区分方法，两岁半左右是"多语句、从属句的时期"。最初的语言是"mang mang"的一个单词，表示"有吃的"。像"爸爸、公司"这样的句子包含有两个单词，称为"语句"。而且，如果是三个单词以上的话，则称之为"多语句"。"做了很多好吃的"、"医生打了这里"等，将自己掌握的语言排列起来，稍稍能够更生动地表达自己的感情。从两岁的后半年至三岁的幼儿，开始进入所谓的"反抗期"。

过去，所有的事都顺从大人，对大人的话单纯地听从。但是宝宝现在开始会说"不"或采取反抗的态度。并且在成人与幼儿之间，开始有"为什么（必须这样做）？"、"因为今天必须早些去，否则就赶不上，所以要赶快"之类的对话。事实上，孩子常常问"为什么"，这也是"反抗期"的表现之一，也反映了成人对处于"反抗期"的幼儿不知是"为什么"的心情。有人很容易只根据"反抗期"这一说法，而将这种成人与幼儿之间的关系全盘否定。但是，还是由于有了"反抗期"，才会出现"因为到"之类的复杂句子以及"为什么"之类的要求，回答以复杂句子的问题。

幼儿到了"反抗期"，大人会在不知不觉中增多了"快点吃"等命令与指示的语言，"不是告诉过

你不要做吗"等表示禁止的语言，以及"不能做这样的事情"等表示否定的语言。这也是由于幼儿正好是处在两岁——最为顽皮的时期。这并不是说要全部否定上述的句子，而是成人想要禁止或是指示时，可将这些句子改换结构，用来作为扩展幼儿语言能力的一个机会。一般的命令、禁止句，都是简单的否定句形式，可以改用从属句式的说法："因为要去奶奶家，所以今天要吃快一点，奶奶正在家里着急地等你。"所以，当你想要说命令式的句子时，可以多想想、多创造一些培养幼儿语言能力的机会，尽量变换说法，使语气缓和一些。

3.扩展幼儿的语言世界

前面我们讨论了怎样从幼儿语言的基础上，更进一步培养并丰富幼儿的语言。最后，再谈谈如何扩展幼儿的语言世界。要从平常很难注意到的地方着手，例如，以柔美的语音声调和明快的节奏去吸引幼儿；此外，丰富幼儿的词汇，不仅仅要让他们听，还需要看、触摸，让他对食物有具体的体验，也是十分重要的。

4.表达能力

幼儿到了两岁的后半期，表达方式开始分化，并逐渐高级化。幼儿们为了表达自己的意愿，逐步学会新的表达方式。两岁男孩的表达，充满了丰富的想像。他们将心中涌出的想像如实地表达出来，并且在他表达的过程中，又开始孕育着新的想像。在将想像与自己所体验的知识相融合的过程中，幼儿们对事物的印象逐渐扩展。

除了过去单纯做游戏的活动，宝宝也逐渐加入了语言的表达。在开心敲打饭桌的过程中，注意到音色的特征与节奏变化等乐趣。有时会给它安上水管流水的声音，树叶飘落的情景，自己打滚的动作等，用带有韵律的语言表达出来。有时在吃西瓜时会唱道："嚓、嚓、嚓，吃西瓜。"在将箱子重叠、并列起时，会把它想像为"汽车"、"家"等。还有的幼儿画出圆形、直线，将其命名为"蛋糕"、"花"等。有的幼儿甚至将圆与直线组合，画出只有头（脸）与手足形状的"人"。

在这种表达活动中，可以看出步入两岁阶段，幼儿想像力的发展。过去只能在与之相关的事物范围内进行思考的幼儿，变得能加入想像来进行表达。在想要扮作某物时，还能够模仿其神态和动作，并以此为乐的幼儿增多。开始会说出像"如果能这样，该多好啊"之类表达意愿情感的句子。

对于幼儿在这个时期的表达，我们一方面会觉得可爱，另一方面容易认为那是孩子气的话，将其当做耳边风，认为两岁的孩子，只能说出这样的话。但是，希望我们能试着将这种想法改变为：正因为是两岁的幼儿，才能有这样令人莞尔的表达。

游戏与生活

1.玩沙游戏

幼儿一到沙滩，就会立即脱下鞋子赤脚在沙堆中行走；捧起泥沙，让泥沙从指间滑落；在沙土中滚动，体验与泥沙接触的快乐。有时他们把沙子装入茶杯，然后压平做成布丁的模样；将沙子用铲子铲入容器，装满后将容器翻倒；用小铲子忘我地挖洞，将身上弄得全是沙子；同时还会堆起沙堆，一会儿跑上去，一会儿又把沙堆毁坏。在这些活动中，心灵似乎得到释放。如果沙子里有水，有些幼儿还会装作跳下去游泳的样子。这样，又发展为玩污泥，啪嚓啪嚓地溅起泥浆，高兴地大声叫着，又蹦又跳。刚才还在做"布丁"的幼儿，也会被泥浆所吸引，"哇，大海！"随即跳入污泥中。一会儿又将冒着泡的泥浆当做"冰激凌"，用手装入容器说："这是冰激凌。""来点冰激凌！"这样自由发挥他的想像力。

沙子、污泥和水，都拥有很好的触感，还能够让人随心所欲地变换着形态，所以十分吸引幼儿。最好能让幼儿自由地玩耍，偶尔还用玩具扩展游戏范围，让幼儿体验丰富的创造力并拥有想像的空间。在体验到玩耍的乐趣之后，幼儿的想像力与手的活动技巧又会得以提升。

2.托儿所中的游戏

托儿所是从零岁至学龄前各年龄层的幼儿及各个区域地段的幼儿集中生活的场所。不仅仅是生活的场所，而且还是互相尊重人格与朋友在平等的立场上共同玩耍、游戏的场所。由于是集体生活，幼儿的一举一动都是互相影响的。托儿所中设有幼儿可以自由玩耍的场所、游乐设施和玩具。这些都是朋友们"大家的游乐设施"、"大家的玩具"。

两岁左右的幼儿，会在玩耍过程中，突然发生争执。争执的原因大都是碰到了别人的身体，或被别人推倒了，或争抢某物等。幼儿对于自己想要的东西，即使是朋友正在玩，也会"理所当然"地拿来玩。玩具被抢走的朋友会坚持地说："这是我的"、"我在玩"，上前去抓对方的脸、扯对方的头发，引起争执。但是。通过这样对玩具的争抢，他们也才能认知到与自己有相同欲求的对方的存在。

所以，如果玩具被别人拿走也不吭声的话，就不会发生争执，正因为意识到大家是处于平等的地位才会有争执。幼儿发生争执时，成人总是想尽快让他们平息。其实，如果没有危险，只需在旁看护就可以。发生争执以后，幼儿们又会在同样的场所，一起嬉笑打闹地玩耍。如果争执的一方退出，对方会最先注意到"小宝不见了"而四处寻找。孩子们一边发生争执，也会是一边共同玩耍的朋友。在托儿所当中，不同年龄的幼儿也可以交流。尤其是如果有年长的幼儿加入，小一点的幼儿会非常乐意地顺从年长者的话，很感兴趣地观察他们的游戏，学习他们之间的游戏方法。年长的幼儿把小伙伴的头发揉得乱糟糟的，或者推揉、拍打他们，乍看似乎是在欺负年幼的幼儿，其实是想与年幼的幼儿一起玩耍。

⊕ 在托儿所中，常有孩子们为了玩具而争吵的情况出现。

所以在托儿所中，宝宝可以与不同年龄的幼儿一起游戏，也可以在同龄儿中玩耍。但是如果过分重视集体的一致性，就容易使幼儿失去各自的特性。在这样生机勃勃的团体中，只要保姆与幼儿之间形成了一对一的信赖关系，幼儿不就可以尽情玩耍，开展更丰富多姿的游戏生活吗？

智力发展

1.建构与组合印象

两岁这个阶段，已经是熟练使用一岁阶段出现的符号、印象的时期。幼儿们能在头脑中浮现各式各样的印象，并且将这些印象进行组合、再建构，变成自己可以表达的形式。这些能力都是以语言和游戏为主而表现出来的。在表达印象时，与父母、朋友之间共通的东西逐渐增多，通过语言交流的能力得以提高。

而且宝宝通过自己在周围的空间、场所的大量体验，以及运用印象能力的发展，可以把握空间世界，提高理解力，使再建构成为可能。除此之外，还开始对时间的流逝表示关心，对物品的形状、大小开始感到兴趣。这种凭借过去的印象所表达的表象能力，是以宝宝在感觉和运动中有了与实际事物相关的体验为前提的。幼儿们在经历各种体验后，将留下的印象保存起来。在以后的游戏中将其再组合使之再现。此时，促使其再现、再组合的因素是体验此事时的愉悦与冲动。所以，让幼儿们愉快地进行各种体验十分重要。

2.模仿游戏提升表象能力

在进行模仿游戏的过程中，会增强孩子的表象能力。如模仿某人模样的表象游戏，不仅仅只是片断性的再现某个场面，而是开始具有连续性，内容也变得更加丰富。例如，再现（模仿）父亲吸烟的动作时，不只是将吸管当做香烟，将它送到嘴边吸，而是将吸管衔在口中，用小积木当做打火机点火，并且发出很舒服的"呼"声，同时做出吐出烟雾的样子。

到了两岁以后，玩布娃娃的游戏增多，这种游戏也反映出两岁幼儿的游戏内容逐渐变得复杂了。即使一岁幼儿也只是片段性地再现母亲的行动。但是两岁的幼儿，玩布娃娃的游戏就有了连续性的动作，开始会一边说着："肚子饿了吧！现在妈妈来喂你。"一边轻柔地把布娃娃抱起，给布娃娃"喂"了饭以后，继续开始下一步："好，喝完牛奶后就要洗澡了"等。

↑ 玩娃娃时模仿母亲的行为，也是孩子增进表象能力的过程。

男孩子喜爱的电车游戏内容也变得丰富了，诸如模仿站务人员剪票，模仿列车员广播"下一站是深圳车站"、"发车了"之类。这样，布娃娃游戏与过家家游戏，也成为将几个印象连在一起，构成有情节故事的游戏。

一岁的幼儿，最多只能将两个印象组合起来。但到了两岁，使用印象的能力（表象能力）发展，开始能够组合使用好几个印象。两岁幼儿的语言，从两三个单字逐渐发展至可以说出由许多单字组成的句子。从"爸爸"、"公司"发展至"爸爸在公司"，语言开始连贯。这说明，幼儿们已能在头脑中将三个事物组合起来。就这样许多印象组合起来，开始能够说出许多话来，同时也从这个时候开始，喜欢听有情节的故事了，幼儿们在听故事的过程中，一定也会在心中浮现出各种形象。

两岁儿在印象构成能力方面，虽然还不及三岁幼儿，模仿游戏也只是在幼儿之间进行，但将印象逐渐连接的是两岁幼儿。

3.周围世界的构造化

零岁儿与一岁儿都有与自己年龄相应的各种体验，但两岁幼儿可以说是到了逐步能够将这体验借助印象留在自己的记忆中，还能把这些印象连结起来，根据相互之间的关系，进行再建构的时期。

通常这个时期的宝宝已经能够长时间地行走，而且有了相当的体力，活动的范围也越来越大，经常离开家外出，进行各式各样的体验。幼儿们开始知道在自己的生活范围之外还有更大的天地。附近有超市、哥哥常去的幼儿园和奶奶的家的存在。这些场所形成各种印象，深深留在孩子们的记忆中。这些并非都是杂乱无章的，而是彼此之间有所关联。例如，出了家门，走哪条路可以到达超市；走这条路可以到达幼儿园，或者去奶奶家需要坐火车等。也就是说以

自己的家为中心，将去某场所的道路及交通工具的印象相互联系起来，形成对新场所的印象，幼儿们就是这样渐渐地把握住周围的空间世界，形成世界印象（空间印象），进行构造化。

这种世界印象的形成与构造化，是通过幼儿的步行或乘坐火车旅行等实际经历过的行动而形成的。这是因为两岁幼儿还不能只通过别人的谈话来形成对世界的印象。需要通过锲而不舍地四处活动，才能理解与认识这个世界。

4.因果关系概念的扩展

幼儿对于因果关系的理解，是从自身的摆动、敲打、拉动等行为中理解，并由此行为而产生的声音、移动等结果之间的关系而开始的。幼儿出生后至一岁的期间，开始能够理解自己的行动与眼前出现的结果之间的关系。出生后第二年，能够理解的范围逐渐扩大，但还是只局限于眼前的场所与现在发生的事情。到了两岁能够把握的空间变得更为宽阔，而且幼儿在逐渐体验到时间的扩展与流逝后，能够理解与思考因果关系的范围也逐渐扩展。

例如宝宝询问"为什么"、"怎么……"等的次数逐渐增多，也开始会听到幼儿说出"因为……"之类的话。这时身边的大人可以用易懂的语言向幼儿解释事物的因果关系。

如果能够掌握的空间与时间只是眼前的场所与时间，那么能够理解的因果关系也将是仅限于现在和目前的场所。但是如果理解了在时间关系中有"刚才"、现在"、"将来"，以及地点关系，也就不仅仅只有"这里"，还有"那里"，也就能够逐步理解"过去"、"那里"与"现在"、"这里"的事情中间有着一定的联系了。

情感的发展

1.成长的意识

带着两岁的孩子到公园去玩耍，如果身旁有比自己年幼的小孩，而突然跑去推他，对方无缘无故地被推了一下，自然会受到惊吓哭了起来或倒在地上。父母看到是自己的孩子在欺负别人，当然会对对方的父母和小孩感到非常歉疚，而教训自己孩子一顿："为什么欺负别人，快跟人家道歉！"然而，孩子却丝毫不觉得做了错事，只是直直地注视着正在哭泣的小孩。

这种时候两岁儿心中的感受是如何呢？在成人眼中，并不觉得一岁幼儿与两岁幼儿之间有多大的差别。但是对于两岁幼儿来说，其感觉上的差别相当大。特别是由于运动功能明显增强，体力方面较以前的差别很大。幼儿刚满两岁时，也是常常跌个四脚朝天、摔跤跌倒等等。但是现在可以自由地来回运动，也不会轻易摔跤了。因此，轻轻地推他一下，也不至于摔倒，这是身体成长的表现。当看到比自己还小的幼儿时，就感觉自己已经两岁了，比对方大。用手去推对方的行为或许与这种心理有关，做出这种动作的意思或许是想像着："你比我小吗？"或表示"我比你大"，但绝不是想要欺负对方。也可以说是幼儿意识到自己成长了，将这种意识按照自己的方式尝试在与别人的交往中做确认。

这种对成长的意识，在日常会话中也常常可以看到。吃饭时如果赞美他："和姐姐一样会用筷子了！"他会回答说："当然，我已经两岁了。"自己上洗手间时，他会回答说："嗯！我已经两岁了。"能够独立做某些事，意味着自己正逐渐地成长。而且，两岁左右的幼儿也意识到自己会逐渐长大，如果

他无法穿好衣服时，父母告诉他："穿衣服很难。"他会反驳说："我才两岁。"让人感觉到两岁幼儿在自己心中确信，如果自己再长大一些，就能够独立穿衣了。

2.克服不安的情绪

两岁儿的心中，也会滋生不安的情绪。乍一看好像什么事也没有，独个儿在玩耍，但一见到母亲，就立刻扑向母亲怀里撒娇，可以看出孩子心中已经忍耐了很久。而且，在"忍耐"期间，一点点小事都会令他生气，急切地哭着寻找母亲。以上的情形可以看出，两岁幼儿仍然需要母亲的看护。而每个小朋友之间的个体差异也很大，在两岁幼儿中已经有能够离开母亲独自玩耍的幼儿了，也有在心理上对母亲有强烈依赖感的幼儿。所以，只要幼儿一不留神，见不到母亲或者长时间地等待，就会变得焦躁不安。为了帮助幼儿克服这种不安的情绪，需要给予幼儿充分地劝慰及安抚。

一岁的宝宝，总是希望跟在母亲的身后。到了两岁逐渐能够离开母亲独自游戏。母亲在厨房做饭时，他能够独自在其他房里面玩自己喜欢的游戏。而且除了母亲之外，还能与家人或者特定可信赖的大人一起度过一段时间。这种能够与母亲暂时分离的前提是，要拥有"如果叫母亲，母亲能立即过来，或者如果过一段时间，母亲就会回来"这种信赖感。但是这种信赖感会因各种情况而被动摇。

例如，本应在厨房的母亲不见了，使得幼儿渐渐觉得不安，在家中四处寻找。如果很快找到母亲，这种不安就会消失，而放心地继续游戏。但是，如果母亲外出办事，幼儿在家中找不到母亲，就会十分不安而大哭起来。这个时候即使母亲返回并将他抱起，

但短时间内他依然不会让母亲离开自己，那是因为他还沉浸在刚才找不到母亲而不知所措的情绪之中。在母亲搂抱、得到充分安慰、哄劝之后，不安的情绪才会逐渐消失，又可以与母亲分离，独自游戏。

3.恐惧心理

一岁宝宝常常会摔跤，但一点儿也不怕，跌倒了还是想要四处奔走。到了两岁的时候，由于运动能力快速提升，对外面世界的认识也大大扩展。本以为他们会积极地外出活动，但事实上却并不是这样。在一岁时积极步行的幼儿，到了两岁，反而会因为害怕汽车、没有母亲陪同而不愿意外出。并且，过去不太在意动物的幼儿，突然开始害怕猫、狗，一见到这些动物就哭了起来，并紧紧跟在母亲身后。令做父母的感觉到孩子怎么突然变得胆怯和懦弱了！

为什么幼儿到了两岁，会产生这样的恐惧心理呢？这与两岁幼儿智能的发展有一定的关系。幼儿到了两岁，渐渐能够明白成人所说的话，通过图画书、电视，逐渐了解一些社会现象。因此，听到有关交通事故的话题，在电视上看到恐怖的事故现场，会对事故产生恐惧心理，开始想像自己或许也会遇到那样的事故，这对幼儿来讲，当然是非常恐怖的事情。所以，有些幼儿甚至会远远地看到汽车，就不敢穿越公路，并对汽车特别敏感。

这种变化对于猫、狗等动物，或者蚂蚁、小虫等昆虫也是一样。过去对昆虫不太在意的幼儿，过了两岁，会对于有可能危害到自己的动物抱有恐惧心理，因而变得非常敏感。但是，父母对于这种情况不需过分担心，首先是要了解幼儿的心理状况，然后将具体的例子告诉幼儿，减轻幼儿的恐惧感。过了这段时期，幼儿就能自己克服这种恐惧心理。如果是害怕汽车，走路时请牵着幼儿的手让他放心，还需要告诉幼儿这里是没有汽车经过的、安全的游玩场所。对于害怕昆虫的幼儿，就抱着他和他一起观察昆虫，为他讲述昆虫"母子"之类的话题，促使幼儿增加对昆虫的好感。

4.反抗期的到来

过了两岁以后，幼儿就进入了所谓"第一反抗期"的时期。过去老老实实听话的小孩，逐渐开始变得任性，经常说："不要"。这在父母看来，很难让事情顺利地进行下去。但如果将这种情况判定为幼儿的"反抗"，或许只是成人单方面的看法。如果仔细观察这种状态下幼儿的举动，就可以明白这是幼儿有了自我主张的表现。例如，想要自己穿鞋，想要自己用筷子、想要自己洗等，大都是坚持自己的主张。如果是有语言表达能力的四五岁幼儿，在这种情况下会说："我自己穿鞋可以吗？"、"我自己洗，不用帮忙。"、"我也想用筷子！"等，将自己的主张正确地传达给对方。但是，语言表达能力还相当贫乏的两岁幼儿，只会说"不要"和"自己做"，因此，很难将自己的想法准确地传达给父母，而会被误以为是在"反抗"、"任性"。

因此我们可以了解，幼儿并不是毫无道理地抵抗，其实他们是在坚持自己的主张。如果这些主张得以实现，对于幼儿"自我"的确立非常重要。因此，宝宝这个时期的反抗表现，从幼儿的自我发展角度来看，其实是成人所希望出现的必经阶段。

与他人的交流

1.自我意识的萌芽

如果要说出两岁幼儿的特征，最先想到的是经常说"不要"这句话。"好了，该睡觉了。""不要！""把衣服拿过来换。""不要！"……有趣的是，如果问他"一起去买东西好吗"即使是想去，他也会说"不要"。这是为什么呢？

其实这是想对心中产生的某些想法说"不"。原因或许是"做不到妈妈所叮咛的事"、"想做自己想做的事"，但还不能顺利地表达出心中的想法，因此只能说"不要"。这是幼儿开始有了自我意识的表现，是自我独立的萌芽期。此时的母亲常常会感叹："过去乖乖听话的孩子，突然变得有反抗情结，很难应付。"这也是基于以上原因所致。这是幼儿发展过程当中非常重要的阶段。

试想，人们在社会生活中要与他人合作，而没有自我思想的人是否能对社会做出贡献？作为集体生活的一员，必须拥有独立的意见。将自己的想法与对方的想法两相比较之后，找出互相理解的共同点，这才是与他人的协调，而不是一味听从对方的意见。作为人类最为重要的"独立意识"正在开始形成。对于幼儿而言，或许是幼儿对自己内心涌出的强烈欲望感到不知所措，经由抗拒大人的要求，来坚持自己的主张。正是因为这个原因，有时自己想做的事，又怕做不好，感到焦躁之余，或许还被训斥而嚎啕大哭，自己也不知道应该怎么做才好。最后，还被最信赖的母亲说"你不乖"而充分体会了失望的感觉。

请父母亲充分理解幼儿的心理，以宽容的态度对待他，不要生气、发火，用幽默的语言来改变幼

儿的心境。孩子任性时可以暂且不去管他，等他平静下来后，再慢慢跟他讲道理。但是，根据事情的不同情况，有时也需要明确表示"不准"、"不行"。这样，幼儿反而会更加信赖父母。有时人们也将幼儿自我萌芽的时期称为"第一反抗期"。这是幼儿心理发展的正常阶段，希望父母能适时给予幼儿帮助，让幼儿顺利度过这段时期。它与麻疹一样，具有免疫力的特点，只要度过了这个时期，幼儿心理的发展会向前迈进一步，迎接明理听话、情绪稳定的时期。

2.与爸妈撒娇

到了两岁左右，幼儿纠缠着父母撒娇的情况突然增多，不知什么时候就会爬上你的膝盖和背上，依偎在你身旁一刻也离不开，在你的身后边哭边追。或许父母会觉得"都已经长大了，还这么会撒娇"，而有一些烦躁。但也由于已经长大这个事实，让幼儿认识到自己与母亲是两个独立的个体，希望母亲经常在自己身边而特意撒娇的吧！

人类所有的感情，都会在两岁阶段萌芽。这段时期即是感情发展最显著的时期。感情变得更为复杂且细腻，想像力也变得更丰富。一见不到母亲就会想到"母亲去哪里了？要是不回来该怎么办"而显得非常不安。这种不安的情绪，与婴儿时期喜欢跟母亲的身体接触的情绪相同。

自我主张，且变得具有反抗意识，经由这种形式来表达自己强烈的感情。在反抗与撒娇，独立与依赖之间大幅波动，这是两岁幼儿的特征。在这个时期，母亲再次怀孕的情况很多。如果母亲发现自己怀孕，而将注意力放在这件事情上，花很多时间为即将出生的婴儿做准备，幼儿就会觉得失去了母亲的爱护，会变得更加难以伺候。这个时候母亲应该特别对

幼儿强调："你对我也非常重要，我也很喜欢你。"最好的方法是，让他为婴儿拿东西，用玩具和婴儿一起玩耍，让他感觉成了母亲的助手，心理得以平衡。这不也是换一种方法来应付幼儿的撒娇？当然，还是需要母亲亲自照料幼儿以传递母爱，重要的是要在接触的过程中，让幼儿体会到被重视的快乐。

并且就在这个时期，幼儿开始会对家庭关系的各种称呼感到兴趣。"奶奶是爸爸的母亲"、"爸爸是我和妹妹的父亲"、"我是妹妹的哥哥"，经由对这些称呼的理解，开始接触刚出生的妹妹成为家中的一员，顺便培养做哥哥的心态。如此应付长子的撒娇，父母便能空出足够的时间来疼爱幼子。

3.与其他幼儿的关系

两岁幼儿的对外关系，比起成人来，有关"其他幼儿"的项目急速增多。到了两岁的后半期，只在家中与母亲玩耍已不能使他得到满足，常常会发现他们很爱观看其他幼儿玩耍的情形，或老是跟在大孩子身后，开始有让其他幼儿到家里来，或自己出去与其他幼儿玩耍的欲望。

两岁宝宝对于和比自己稍大一些的幼儿一起玩耍非常感兴趣，想要成为他们的一员。通过和朋友玩耍的过程中逐渐学会投篮球、踩三轮车、荡秋千等。因为"自己想试着那样做"而鼓起勇气，尝试向自己以往没做过的事情挑战。这或许也是因为他内心想要与大家一起玩耍，想要被大家承认为伙伴这一社会性的欲求所致。于是比自己稍微年长的幼儿的行为成为他最好的榜样，因此，对于与自己年龄相仿的幼儿所能做到的事，自己也想尝试，并由此而激发出做事的欲望。两兄弟当中，一般而言，弟弟的各种能力发展会比过去哥哥的成长较快，就是由于身旁有个哥哥作榜样。

在参加群体活动的过程中，开始懂得群体中的各种约束。例如，想与其他小朋友玩耍时，需要得到伙伴的允许；遵守游戏的规则；听从"领导"的命令等。虽然还未成人，但对幼儿来讲，幼儿团体已是一个充满魅力的"社会"。

⬆ 两岁的孩子会开始期盼与其他幼儿进行互动。

Part 8
三岁宝宝

相较于一岁和两岁的宝宝，三岁宝宝在各方面的发育都更接近成人，
在语言上的进步突飞猛进，也开始可以与爸妈进行对谈。
此时宝宝的自我意识也更为强烈，爸妈在此时要怎么做，
才能让孩子在生理及心理上都健康地成长呢？

宝宝的生长发育

儿童自出生之时起，就以惊人的速度发育。到了三岁时，他们身体普遍长大了很多，可以自如地跑步，在身体及体能发育上都有着可观的提升幅度。

宝宝对成长的渴望

孩子长到三岁时，身体发育较从前大大迈进了一步，许多以前做不到的事情都变得简单多了。像电灯开关、洗脸盆的水龙头、门窗的钥匙插孔等，都成了他们跃跃欲试的拨弄对象。

孩子们在拨弄这些小物品的同时，沉浸在一种新鲜与成功的喜悦氛围之中。大人们更是喜不自胜，为孩子的进步激动不已，"孩子长大了！能做……了！"此时此刻，我们怎样才能使孩子"快马加鞭"更进一步呢？最重要的一个方法就是要对他们的行为大家赞扬，甚至夸大其辞也无妨。这样一来，孩子就会更加欢喜，从而再接再厉。

三岁儿童正是这样，通过一步一步地累积经验，不断向新事物挑战。当然，他们也难免有好高骛远、表现难过表情的时候，大人应该及时地给予鼓励："你再大一点就能做了，别气馁。"看到自己的成长被周围的人（尤其是妈妈）认可，孩子会产生由衷的满足与喜悦感。如果能"打铁趁热"，在心理上多给予他们支持，那么，必将大大促进他们的发育。

发育比例

三岁儿童遭受到碰撞的机会较高。理由有很多，其中之一便是：从整个身体结构来看，头部比例较大，会造成此现象是因为人的发育有一个普遍趋势，就是"从头到脚"，从头部与身体比例的发育变化中，可以看出此一规律。在幼儿时期里，发育状况最明显的当属体重，其次是身高。头部发育则呈递减趋势。这是因为，头部在出生时，就已经发育得差不多了。

这种发育的趋势也会影响三岁宝宝的生活，由于头部比例较大，会使宝宝呈现"头重脚轻"的状态。所以，宝宝一旦摔倒在地板上，首当其冲的受伤部位往往就是头部，撞出个大包是常有的事。

尤其是在团体活动时，孩子们乱蹦乱跳、非常活跃，再加上缺乏对摔跤的警惕性，稍稍被旁边的人撞一下，就有可能摔个"狗吃屎"。另外，他们跌倒之后，很难靠自己的力量站起来，往往只会嚎啕大哭，等待别人扶起。这一点希望大家了解。

手与脚的骨骼

三岁以前的儿童，其小手胖呼呼的、柔软丰腴，十分讨人喜爱。究其原因，并非单纯是孩子吃得胖，还有更深一层的原因，那就是：该年龄层的儿童手腕处没有骨头，或者说，手腕处的骨头非常少。婴儿出生时，手腕中没有一块骨头。然而，随着月份的增加，腕骨逐渐成长，数量增多、形状变大，最终长成成人的复杂形状（有一种年龄推断法便是根据骨化年龄，即腕骨发育状况来判断的）。

很多家长或保育员在与孩子嬉戏时，为避免孩子的手脱臼，因此，总是握住宝宝手腕上方的部位。其实，这种做法恰恰是错误和危险的。握手腕以下（手部）部位相对来讲更安全。这是因为，当你把孩子的腕部牢牢固定住之后，如果旋转错位，很可能使其肩部或肘部受伤。尤其是孩子的肘部，只要稍微不注意便容易脱臼或骨折。

有人可能会问，腕骨尚未发育完全，这对三岁儿童会不会有什么危险？答案是"没有危险"，不仅如此，反而有益。三岁儿童几乎不会导致腕部受伤，这是因为其腕部尚无复杂的骨骼，也没有几根韧带。而这两者往往是导致腕部受伤的罪魁祸首。

脚部骨骼发育情况与手腕部一样，刚刚出生时，发育十分有限，然后骨骼渐渐增加、增大。脚踝处也同样如此，踝骨甚至比腕骨更易受伤，因此，运动时一定要多加防范。在骨骼发育形成时期，如果持续施加过强的负荷或冲击，那么，对孩子的将来只会有害而无益。

因此，让孩子光着小脚运动时，一定要选择那些比较安全的场所，如疏松柔软的土地、有铺软垫的床等。如果条件有限，找不到上述合适场所时，最好让孩子穿上鞋子。

脚部与脊椎

在孩子三岁左右时，很多家长都会难免担心："我的孩子好像是X型腿"，于是，到处寻医问药，疲于奔命。实际上，这些担忧和忙碌完全是多余的，因为宝宝的腿型发育情形是有规律的。婴儿呱呱坠地之时，是非常明显的O型腿。随着年龄的增长，弯曲的腿骨逐渐伸直。接着，幼儿还会经过一次X型腿期，然后才会慢慢长成成人的腿型。而X型腿最明显的时期便是两至三岁左右。

如果不了解上述医学知识，误认为孩子是X型腿，而又没有带孩子去看专业医生，只是单纯地想进行矫正措施，那么，只是有害而无益的。因为那些矫正行为只会让孩子感到自卑，还可能使孩子从此讨厌运动。

像上述这种骨骼的变化，其实不只是腿部才有。只要深入了解就会发现，幼儿的很多部位都同样如此，只是不十分显著罢了。另外，在幼儿体内，骨骼变化明显的还有一处，那就是脊椎。

大家可能已经了解，脊椎可以通过弯曲来缓和上下方向的冲击力量。不过，三岁儿童的脊椎尚未发育完全，因此，在日常生活中，应避免让他们做过度激烈的运动。

身体发育的相异

同样是三岁的儿童，身体发育却不尽相同。发育快的，其发育速度可达到发育迟缓儿的两倍。因此，年龄相差只有一岁的兄弟俩，哥哥如果发育得快，那么看起来，就像比弟弟大很多。

身体发育的迟缓与否，究竟与什么因素有关呢？经过研究，人们发现，原因可分为先天性与后天性两种。换句话说，就是遗传因素与环境因素。掌握上述"发育有个体差别"的特色有什么意义呢？我们不妨举个例子来看。同样是三岁儿童，发育快的孩子可能爬上一个高台阶，然而，发育慢的孩子则有可能爬到一半时摔下来。再者，如果发育快的孩子跑步时踉踉跄跄，那么，发育慢的孩子以同样速度跑步时，则极有可能摔倒在地上。类似上面的事例多不胜数，在此就不再赘述。但是，有的人可能会提出质疑：该怎样判断一个孩子发育快慢程度呢？这就需要各位家长以及看护人员平时多多留意，细心观察孩子生长的情况了。

运动机能的培养

运动对身体发育、运动能力的提高，有着显而易见的重要作用。与此同时，运动还能激发儿童的创造性、自主性，培养他们的社会适应能力。因此爸妈要尽量在幼儿时期就形成宝宝良好的运动习惯，才能保证宝宝长期的运动机能发育。爸妈在此时可以帮助宝宝提升活动量，并加强运动机能的发展。

充分活动身体、做各种游戏——这是三岁儿童身体发育上不可欠缺的条件。不过，运动的好处不只这些。它还有下列一些作用：帮助孩子学习各种事物的性质及事物之间的相互关系，学习与朋友、大人的相处之道及如何表达自己的意思及情感等等。

鉴于运动有着上述诸多优点，我们平时在看护三岁儿童时，就必须考虑怎样才能最大限度地发挥上述优势。以下就是一些应当遵循的要点：

· 三岁儿童对于活动身体类的游戏非常感兴趣。如果提供给各种便于运动的环境、时间、气氛等条件，有助于他们养成爱运动的好习惯。

· 三岁儿童经常会出乎大人意料地发现一些新鲜有趣的游戏或运动，并乐此不疲、陶醉其中。此时，请不要以大人的价值观判断其"好"还是"不好"，要尽量放开手，多给孩子一些自由。

· 大人在指导孩子进行运动时，如果只考虑对身体方面的效果，势必会忽视孩子本人的意志而带有一定的强制性。久而久之，孩子对运动的兴趣必会大大降低，甚至不喜欢运动。

· 三岁儿童尚不能做那些既要求运动技巧又要求感官

技巧的运动，也不能做那些对精密度要求较严的运动。当然，您可以根据孩子的发育状况，带他们学习该类型运动或游戏，但绝不能强迫他们去实践。

· 玩具及各种摆设有着许多利用方法，切不可有"唯一性"的单纯思考模式。然而，在孩子眼里，玩法可就丰富多了。如果大人顽固坚持自己的"唯一"方法，只会妨碍儿童的自由创造力。

· 三岁儿童尚不能了解意义上的合作或竞争。如果在运动时，强给孩子灌输上述概念，很可能使孩子产生讨厌该项运动，讨厌与小朋友共同玩耍的不良心理。

· 三岁儿童对被动性运动非常感兴趣。当大人把他们高高举起、又倏地降低，并大叫"飞啊！飞啊"的时候，他们往往兴奋至极。有时，仅仅通过这种"飞行"游戏，就可以一下子把大人与孩子的心理距离拉近许多。换句话说，被动性运动可以在儿童和大人之间起到情感交流的作用。

· 三岁儿童非常喜欢模仿类的游戏。因此，在学习新的运动或游戏时，大人最好以身示范，做给孩子们看。

· 孩子自由活动时，大人应在一旁协助他们，以防止其受伤。要为孩子寻觅一处安全的活动环境，积极地寻求改善活动环境的办法，不要一味地拒绝孩子的愿望，"不许你去……"——您有没有类似这样的口头禅？

· 三岁儿童当与自己信赖的大人在一起时，心情便会安定下来，活动会更加活跃。家长与保育人员应充分了解孩子上述心理特点，多与孩子进行身体上的接触。

· 与亲近的大人一同运动，会让三岁儿童更加开心。如果孩子具有上述发育特征，那么，您最好做到"

与孩子同乐"。

· 当孩子做一些自身力不能及的运动时（尚未习惯或能力不够等），由于不能成功，有可能产生泄气、失望等情绪。为了让孩子获得成就感与满足感，大人可在一旁协助他们。

1.手指技巧

要说起手指技能，儿童到四岁左右时开始会迅速地增强。对于一般的三岁儿童，手指笨拙是非常正常的。然而，由于自己能力所及的事情多了起来，三岁儿童常常开始"不知天高地厚"，往往什么都想试一试，尝试做一些力不能及的事，一旦未能成功，便怒气冲冲、捶胸顿足。这些尤以各种手工活动居多。比如，扣钮扣、盖盖子、把蜡笔等细长物品立在桌子上等。因此，达不到预期目标，以失败告终的结局屡见不鲜。

在这种时候，如果大人粗暴地斥责他们："你还做不来，别做蠢事了"，那么，将大大挫伤他们的积极性。正确的做法是：要热情地夸奖孩子的积极主动，暗示其还有成功的可能性。爸妈可参考以下正确讲法："没做好吗？没关系。也蛮不错的嘛！下次再试吧！""累了吧？休息一下再来，好吗？"

另外，也要尊重个体发展的差异性，不要看到别人家的同龄孩子已经会扣钮扣，而自己家的还不会时，就大惊小怪。不仅仅限于扣钮扣，在所有的运动上，由于孩子的体质、性别等各方面情况不同，能力自然有强有弱。因此，大家应该根据经验，全面地综合判断，看自己的孩子发育是否正常。

2.跑步运动

在很多时候，孩子听到"跑"的口令之后，通常不是向前跑，而是左顾右看一番，想着"等对方跑出去之后自己再跑"。而且，两个人跑起来之后，跑在前面的那个孩子往往会中途停下来，等候跑在后面的孩子。

从社会性的发育情况来看，三岁儿童尚不具备完全的竞争力，也不具备完全意义上的合作能力。此外，他们的耐心和韧性也十分有限，如果让他们进行长距离的跑步，只会导致其厌倦心理的产生，不利于孩子身心健康的发展。

因此，如果想锻炼孩子的"脚力"，不妨采取一些有乐趣的方式，例如，追皮球、模仿动物或其他小朋友的姿势跑步、短距离的赛跑等。

Tips 谁会先跑？

让两个小孩一同站在起跑点上，然后比赛谁跑得快，发出"跑"的口令后，猜猜看，会有什么结果？如果你猜"他们会争先恐后地冲出去"，那就错了。

3.弹跳运动

根据专家们的多年研究，儿童开始能进行双脚跳的时期，大约在两岁零八个月左右。由于各人身体状况不同，发育早的可提前六个月，而发育晚的则可能推迟六个月左右。因此，对于部分儿童来说，到了三岁时，双脚跳仍属于高难度动作，因为他们的手、脚协调性尚未发达，两只小脚还只能摇摇摆摆。另外，对于三岁儿童来说，跨过地上一条白线或一道窄窄的沟（只有几厘米宽），同样不是件容易的事。很多孩子对此毫无信心，会停下来驻足观望，甚至"裹足不前"。

正是因为双脚跳有着一定难度，因此，当三岁儿童学会了之后，往往喜不自胜，不厌其烦地重复做这个动作。同样地，一条窄沟，对于大人来说，跨过去一点也不费吹灰之力；然而对于孩子来说，这条沟等于是条宽阔的河，去跨越它无疑是相当冒险的。当孩子终于鼓足了勇气，成功地跨越过去时，大人可以大加赞扬，加以鼓励："哇，成功了"、"太了不起了"，让孩子在心理上获得满足。

弹跳运动有很多种，除了刚才谈到的双脚跳、跨跳，还有单脚跳、跑等。大人没有必要勉强孩子做上述运动，但可以在适当的时候"旁敲侧击"，巧妙地引导孩子尝试去做，培养他们对弹跳的兴趣。

4.登高爬低运动

当孩子顺利地登上拱桥向下爬时，恐惧心理会油然而生，"太可怕了"，此时，既不敢前进、又无法后退，正所谓"进退两难"。于是，孩子哇哇大哭了起来以向大人求助。

这种场面绝非少数。而且，对于一般的三岁儿童来说，往往是"登高容易、爬低难"。其实是像拱桥这样"地形复杂"的场所，站在最高处时，孩子会感到很害怕。

在感到害怕时，大人适当的协助是必要的。然而，有些时候大人在一边旁观，效果会更好。比如，孩子感到恐惧，但从其表情言语推敲，他还有"再试试"的想法时，大人就不必伸出援手；若当孩子"求救"时，不妨鼓励他说："往下爬很难，等你再大一些再爬，一定没问题"，并伸出手助他们一臂之力。如果反其道而行，鼓励孩子说"别害怕、鼓起勇气、加油"之类的话，那么，孩子往往听不下去，反而会哭得更响。

需要注意的是，大人应时时刻刻顾虑孩子的安全情况。比如，孩子爬拱桥时，应想到"孩子到底有没有掉下去的危险"。也就是说，"安全第一"的原则应优先考虑。当然，如果过分考虑安全情况，孩子稍有害怕便出手协助，结果孩子很可能会产生"车到山前必有路，遇到危险必有人助"的错误心理，丧失挑战困难的勇气。这种极端心理一经形成，将后患无穷。比如，孩子登上高处或不安稳的地方之后，腿一软，便重重地摔下去。上述现象极有可能出现，大人不可不防。

5.翻滚运动

翻滚运动深受三岁儿童的喜爱。只要地上铺着棉被、地毯等柔软的东西，就算毫无缘由，孩子们也会在上面翻来翻去，像皮球一样玩上好一阵子。这时，在一旁观看的大人往往对孩子的运动感到高兴，并萌发出教孩子做前翻滚等游戏的念头。上述想法的确值得推广。换句话说，看准时机，带领孩子学习各种运动及游戏的做法有利于孩子的成长。

引导孩子的正确做法应该是：对于一种新的游戏或运动，首先，不应该是"教"孩子怎么做，而是"介绍"。比如说："看，这就是前翻滚。怎么样，有趣吧？再看妈妈做一次。你看妈妈做得多好。先双手扶地，然后再……"讲解完之后，如果孩子非常感兴趣，跃跃欲试，那么，就可以进一步教他。

相反地，如果孩子不感兴趣，那么，就不要强迫他们。因为如果操之过急，马上开始一本正经地教起孩子来："你的脚应该这样、手应该那样……不行不行，再来一遍"，那么，就有点"过头"了。把游戏场当成"训练场"，会让孩子感到索然无味，从而找机会"逃跑"，去其他场所"避难"。

6.身体柔软度运动

一般的三岁儿童，其身体柔软度都很好。比如，坐在地上、双腿向前伸直、身体向前倾，此时，他们的头部可以很容易地接触到膝盖。上述这种身体柔软度的运动，孩子们做得要比大人出色许多，在所有运动中，这种情况并不多见。因此，如果大人与孩子一同做此类运动时，会大大增强孩子们的满足感与自信心。这是非常好的宝贵机会，不妨善加利用！

7.平衡运动

对于三岁儿童来说，在站立、走路时保持平衡，并不是件简单的事。不过，他们却很喜欢这种平衡运动。出于浓厚的兴趣，孩子会向该运动提出挑战、进行尝试，堪称一个绝佳机会。大人可在一旁鼓励说："哇！好棒喔，竟然能在上面走。妈妈也来试一下"，以激励孩子继续努力。如果孩子感到很害怕，这时大人应走到孩子面前，使他们随时可以扶助自己，无需出声，静观其变即可。另外，也无需过分紧张：不要孩子一有害怕表情，就马上跑去搀扶。

值得各位注意的是，不要因为机会难得，就一味对孩子进行正规平衡性训练，这反而容易使孩子产生厌倦心理。

8.球类运动

如果把一个又大又轻的沙滩球从三米外扔向孩子的怀里，那么，孩子能否接得到呢？按道理说，该沙滩球又大又轻，而且投掷距离很近，又是正面投掷，孩子们应该很容易地接到它。而实际上我们发现，大多数的三岁儿童接不到球。因为对于三岁儿童来说，同时使用身体两个及两个以上的部位，动用两个或两个以上的机能，这还是件很困难的事，因为他们尚不能"手眼并用"。眼睛盯着飞来的球，用手去接，这种接球动作虽不是"难如登天"，却也着实让孩子们驻足不前。

不过，如果让三岁儿童用脚去踢这种又大又轻的球，那就容易得多了。孩子们踢这种球时，会认为自己"能踢这么大的球，很了不起"而沾沾自喜。因此，大人应适时给予赞赏，鼓励孩子再接再厉。

球的种类非常多，有大的、小的、轻的、重的、硬的、软的……如果可能的话，大人应该尽量让孩子接触到上述各式各样的球。

此外，球类运动的种类也不少，可以踢、可以投、可以接，也可以拍。请不要限制孩子的玩法。如果认为"既然是足球，那就只能踢"，这种看法对孩子的发展没有什么好处。利用各种球，三岁儿童可以完全抱、投、踢、接、追、拍等各种动作。如果经常进行球类运动，将有助于孩子复杂运动的技能。

孩子们在做球类运动时，可以多角度、多方面地学习很多知识，累积很多经验。请各位放开手，让他们自由自在地玩吧！

⬆ 爸爸妈妈不要限制宝宝球类的玩法。

宝宝的饮食

三岁宝宝虽然在营养上的需求量比一岁和两岁宝宝的还少，不过爸妈要操的心却没有更少，因为自我意识的提升，使得三岁宝宝在饮食习惯上会出现更多让爸妈头痛的问题。

宝宝的营养摄取

对于儿童来说，什么样的年龄需要什么样的营养物质，这其中是大有学问的。如果不一一地去分析、探讨，而是以偏概全、笼统模糊地去看待，那是全然毫无意义的。尤其是三岁的孩子，他们的自我意识增强了许多，随之而来的便是用餐上的一些"麻烦"。对于孩子本人来说，"麻烦事"是理所当然的，像挑食、拒吃等。然而，大人们往往会软硬兼施，强迫孩子低头就范。如果一味放纵，那么，孩子们会在不知不觉中变得营养不良。为此，父母与保育员不得不一次次地在餐桌上展开攻坚战、心理战，以保证孩子摄取全面的营养。

针对三岁的儿童，在营养方面有哪些特别需要注意的呢？要了解三岁宝宝的营养需求，我们必须先认识三岁儿童的身心特征。

在进入三岁之后，与以前的婴儿期相比，其发育速度有所减缓。从体重上来说，3～4岁期间的一年之中，大约增长2千克；身高则增加7～10厘米。从体型上来看，尽管趋于苗条细长，但肌肉也在不断地发育。与此同时，孩子的运动能力也增强了，渐渐可以做一些复杂的运动。此时，他们的脚掌心逐渐形成，从而更加促进了运动能力的发展。

因此我们可以了解，要想孩子顺利、健康地成长发育，补充肌肉发展和大量运动所需的营养物质是必不可少的。不过爸妈要注意，所谓"摄取足量的营养"，指的并非是"大量进食"，而是"食物足量，营养均衡"。

什么是三岁宝宝"必要的营养"？

对于三岁儿童来说，"必要的营养"指的是什么呢？

对三岁儿童来说，没有什么需要特别大量补充的营养要素。不过，从身体条件上来看，食物的选择应该以蛋白质为重点。也就是应该多摄取牛奶、鸡蛋以及各种肉类、鱼类等，当然，像豆制品等植物性食物也富含蛋白质，是身体发育不可或缺的有益物质。值得大家注意的是，如果烹调上缺乏变化、单调无味，很容易让孩子养成偏食的习惯。

而在热量方面，通常年龄越大身体所需的热量就越多。不过，相对于每千克所需的热量来说，却呈现递减趋势。换言之，年龄越大每千克体重所需热量就越少。举个例子来说，三岁儿童每千克体重需要390焦的热量，而婴儿需要420焦。不只热量，其他营养素也与热量有着同样的规律。由于发育速度减缓，发育所需的必要营养也就逐渐减少。

三岁儿童一般有着强烈的主见，如果食物安排上不合他们的意，他们就会只吃那些自己喜欢的东西；对自己不喜欢的，便嗤之以鼻。因此，请各位家长及保育人员多费心调配儿童的饮食，以避免其偏食习惯的养成。

⊙ 食用鱼类可以补充宝宝所需要的蛋白质。

味觉的发展

三岁儿童的味觉较婴儿已经有了很大的发展，这时，不得不吃口味浓重的药时，大人们往往把药与糖果等带甜味的东西混在一起，给孩子灌下去。这说明，孩子已经对苦味有不快的感觉了。在这个时候，宝宝的味觉与"习惯"有着极为密切的关系，如果总偏好某一种味道，只喂给孩子吃某种特定食物，那么，日积月累，孩子养成习惯，从此就会排斥其他味觉感受，从而阻碍了味觉器官的进一步发展。

另外，在三岁这个年龄层，孩子们对于苦、辣、酸的东西尚处在极为排斥的阶段。吃了上述食物，他们绝对不会感到什么快感。也就是说，对于一些"刺激强烈"的口味，他们还远远不能适应。如果大人"霸王硬上弓"，强迫孩子习惯的话，不仅不会促进其味觉的正常发展，反而会导致孩子拒吃有上述味道的食物。

不管是家庭用餐也好，出外聚餐，或是自带便当，总之，给孩子准备食物，其目的不仅仅在于"果腹"，更深刻的意义在于让孩子养成丰富多样、营养均衡的饮食习惯。尤其三岁儿童，他们基本上已经可以独立进食了，这时，如何养成良好的用餐习惯，无疑是一个重要的课题之一。作为一名家长或保育人员，我们要努力培养儿童正确的味觉感受。如果认为孩子还小，从而放任自流、不加以引导，很可能使孩子在味觉上产生一定的偏差。当然，想要教育好孩子，大人们自身首先要具备正确的饮食习惯。

⊙ 此时的宝宝会排斥辣、酸、苦的食物。

"小美食家"出现了

三岁的儿童已经能够正确区别"好吃"与"不好吃"了。当然，这种区别的对象只限于已经吃过的食物。他们尚不能对未吃过的食物做任何判断。所以，在该年龄层的儿童中，对新食物抱持拒绝态度的不在少数。另外，如果一个孩子小时候已经习惯了某一种味道，那么，同样的料理，只要味道稍有变化，他就会加以拒绝。在他们的心目中，只要是与原先的味道不同，那么就是"难吃的"。

除了要维持熟悉的味道，这对孩子来说才是美味的，心理因素也会影响孩子对食物的评价。一种味道好不好，本应该由材料及烹饪方法等因素决定，但对于三岁儿童来说，又多了一个心理因素。人们通称其为"心理美味"。也就是说，儿童会根据吃饭时的气氛、食欲等非食物因素进行判断。"心理美味"很大的程度上取决于儿童的感觉。当然，这也并非完全是儿童自身问题，大人也起着重要的影响。

那么，如何让食物成为美味佳肴，同时又能让儿童达到完全满意的程度呢？那就是要制造良好的进餐气氛，想办法引发孩子的食欲。另外，不要忘了食物本身的外在条件，多在烹调、装盘点缀上下功夫。

在幼儿园里用餐

无论是从食物本身的营养学角度，还是从心理学角度、社会学角度来说，在幼儿园里的进餐（包括团体用餐与自带便当）都对孩子的生长发育与健康有着极其重要的影响。

首先，如何安排三岁宝宝的幼儿园餐饮，才是健康又营养的餐点呢？要先了解一个原则，即热量占所有营养成分的40％。因此在制订食谱时，一定要确保该原则。我们在这里所指的"营养餐"，既包括了午餐，同时还包括零食、点心。此外，蛋白质是儿童生长发育最重要的营养素，它也应该占所有营养成分的40％，每天需18克左右。鱼、肉、奶、蛋或豆类中都富含蛋白质。有一点是不言而喻的，与零食相比，午餐无疑是更为重要，必须注重营养充足。

便当可以说是由妈妈或家人精心烹调的、带给孩子无限快乐的食物。便当中聚集了妈妈们的许多心血。做出一份美味的便当，的确不是件容易事。然而，一旦想到自己的孩子打开便当盖时的那份欣喜与自豪，很多做母亲的便会十分欣慰，所有的辛劳也就烟消云散了。

为了让孩子开心，许多家长会一味地迎合孩子

的口味，恨不得施展三头六臂。这种做法到底对孩子是好还是不好呢？答案显然是否定的。对于三岁儿童来说，"吃得香"并非是唯一的基本要求。如果孩子们的午餐是自备的便当，那么，家长将有更多的选择余地，可以综合、全面地拟订一个食谱，并配合一些点心进行调节，担负起"营养专家"的职责。在烹调美味饭菜的同时，应考虑营养的均衡度，适当地变化搭配，合理安排便当内容，尤其要注意便当与零食的搭配，以保持孩子营养均衡。

↑ 不管是吃幼儿园的餐点，或是爸妈准备的便当，首要之事皆为营养的均衡。

大家切莫认为，自带便当与在家里进餐没多大区别。同样的一盘菜，孩子在家里时，可能会百般不情愿，这时，不妨把它做成便当试一试。孩子在与小朋友共同进餐时，如果看到别的小朋友狼吞虎咽，自己往往也会大受感染，不加挑拣地把便当吃个精光。这也是一种增进孩子食欲的好方法。

总之，无论是由幼儿园制作午餐，还是由家长自备便当，都不能把"孩子吃得饱"作为唯一的标准。每个人的幼儿时期与少年时期，都是饮食习惯的形成期，而且，饮食品质的好坏还直接影响孩子的健康。因此，各位切莫等闲视之。

其次，来谈一谈团体用餐。团体用餐主要有以下三点好处：补充营养、养成良好的用餐习惯以及教育效果显著。值得各位注意的是，针对不同的孩子，上述三点作用效果有大有小、不一而足。团体用餐带有一定的强制性，它可以纠正孩子不当的偏食毛病，而且，孩子在与小朋友共同进餐时，还能互相学到许多知识。

不过，虽然每个孩子都吃一样的东西，但是保育人员绝对不能把孩子看成"军人"，强迫他们用同样的时间、吃同等数量的饭菜。另外，如果过分顾及团体餐的教育效果，强调各种修养及自立能力，无视个人情况，那么，孩子们将逐渐丧失进餐的兴趣，导致不良的后果。因此，各位保育人员及家长在安排团体用餐的时候，千万不要无视孩子的意志，施加过浓的教育色彩。吃饭就是吃饭，设法激起孩子食欲，使他们营养均衡，长得健健康康才是最重要的。

营造愉快的用餐气氛

首先，需要声明一点的是，营造愉快的用餐气氛，并非是专门针对三岁儿童的"专利"，对其他年龄也同样适用。而从三岁儿童的精神发育状况来看，营造愉快的用餐气氛尤其重要。不论是在家里，还是在幼儿园，大人们都应该努力创造一种愉快、欢乐的气氛。那种过分追求秩序与礼节，而使气氛紧张、凝固的做法是最要不得的。这一年龄层的孩子已经能够独自进食，无需大人太过操心了。如果与大人共同围坐一桌，谈笑风生，那么，孩子们的食欲自然会大大提高。

要想钓起孩子的"馋虫"，不下一番工夫是很难做到的。大家都知道，一个人的食欲会受到很多因素的影响。自然条件便是其一。而在自然条件中，有

很多是人力难以改变的。比如，炎热的夏天里，如果孩子所处的地方比较凉爽，那么，他可能会有食欲。如果一个小孩没有食欲，那他很可能就没有空腹感，也就是没有"饿"的感觉。既然不饿，当然不想吃东西。为什么没有"空腹感"呢？原因之一便是天气过热，使孩子的户外活动量骤然减少之故。

随着现代科技的高度发展，儿童运动的时间、机会也越来越少了。再加上大人的百般疼爱，很多小孩上、下学都有"专车"接送。再者，儿童在家时，一般都是零食不断，结果，到了吃正餐的时候，小肚子已经圆鼓鼓的，根本塞不下什么了。因此，就算是满桌山珍海味，在小孩的眼里，也同样引不起什么兴趣。那么，怎样才能让孩子产生"空腹感"呢？孩子本身显然对此无能为力，只要周围的大人动动脑筋，该问题便迎刃而解了。具体的方法有很多，比如，积极地引导孩子多进行户外活动、教他们做一些有趣的游戏、适当控制孩子的零食等。

对于孩子来说，如果每顿饭都有余香满口的感受，那将是件何等幸福的事！请大家多下一点功夫，为小宝宝的成长助一臂之力！

↑ 用餐环境很重要。

宝宝的健康

任何时期的健康对宝宝的正常发育来说，都是至关重要的，因此在宝宝的健康观察、记录以及检查上，爸妈马虎不得。

健康状态小测试

小孩子的健康状况多变化，因此大人应时时刻刻留心宝宝们的情况，注意他们是否健康。

三岁宝宝的健康判断标准

1.眼睛是否炯炯有神、富有光泽？

2.是否发烧？

3.是否像平常一样有食欲？

4.是否有做户外活的意愿？

5.睡觉时是否容易做恶梦？脾气是否比平常反常、暴躁？

在观察到上述几点指标中有异常的情况出现时，爸妈就应提高警觉性，若情况持续严重，爸妈就要带孩子就医。

学习判定健康很重要

判断一个孩子是否健康，这究竟是件容易事还是麻烦事，可说众说纷纭，没有定论。于是，很多母亲经常去医院或诊所，不厌其烦地咨询、求教。作为一名医生，对孩子进行诊察之后，大体上能够判断孩子此时的状态。然而，他们却判断不出此时还与平日究竟有哪些不同，而"哪些不同"是至为重要的。因此，如果孩子的妈妈"一问三不知"，医生通常不太容易下判断。

由此我们可以知道，作为一名家长或保育员，为了孩子的健康，要不断培养自己的观察力、分析能力以及语言表达能力，从而与医生合力为孩子筑起一张坚固的"疾病隔离网"。

● 身为父母，要对宝宝的健康状况进行日常观察及记录。

若是爸妈在平日即有针对宝宝的健康状况进行完整的观察以及记录，对于这一棘手难题，在平日照顾孩子的家长或保母眼里，就成了"小事一桩"。照顾孩子的大人平时应多注意观察，看孩子有无异样，一旦感觉不对，就要在看医生时，仔细、准确地描述出异样之处，以便医生迅速进行诊断、对症下药。

宝宝的主要照顾者无疑是最了解孩子平日状态的人了，在现实中，主要照顾者可能是父母亲、亲戚或是保姆。若是专业知识不足，建议一般照顾者在孩子生病时，不需要进行特殊护理，此时此刻，她们更应该做的是"正确地判断"，在对医生说明情况时，要实事求是，一是一，二是二，切忌夸大或含糊其辞。对于医生来说，要想正确诊断病情，主要照顾者所提供的意见非常具有参考价值。

了解上述原则之后，紧接着的一个问题是：究竟应该观察什么？这问题一样不能一概而论。因为每个孩子的年龄、体质、发育状况、曾患疾病、预防接种情况等各有差异，应该根据其不同特点进行。比较常见的观察项目有以下五点：

· 活泼（有精神）；

· 情绪；

· 食欲；

· 睡眠情况；

· 体温。

此外，还应针对每个孩子的体质、易发病的情况进行观察，比如有没有咳嗽、打喷嚏、恶心、呕吐、下痢、晕车、痉挛等。当然，上述易发疾病随着孩子年龄的增长，有可能永不再犯，也有可能变得更加严重，这与每个孩子的体质及治疗程度有关。

三岁宝宝常患的疾病

对于三岁儿童来说，尽管没有什么在该年龄最易发的特定传染病，然而，由于与外界接触的机会大为增加，与婴儿及一到两岁幼儿相比，他们被传染的机会就更多了，使得三岁儿童患各种传染病的比例是

⬆ 宝宝的精神状况是判断健康的指标之一。

最多的。所谓"传染疾病"，大多指的是由于细菌、滤过性病毒（又称病原体）等侵入体内导致的疾病。在各种传染病中，排行首位的当属感冒。细菌、滤过性病毒是引发感冒的"元凶"。

例如，像大家耳熟能详的流行性耳下腺炎，三岁以上的儿童的患病率较三岁以下儿童的陡然增加许多。流行性耳下腺炎又俗称腮腺炎，与麻疹、水痘相比，传染性要强得多。而且，它属于非显性传染，即使被病原体（腮腺炎的病原体为Mumps Virus）感染，症状也不易显现。因此，如果一个小朋友患了此病，那么，与他同在一个班有着较密切接触的人当中，很可能有一部分已被传染，但从外观上，你是看不出来的。因此，给孩子进行疫苗接种是十分必要的。目前，腮腺炎疫苗已经开发出来了，每一个即将过团体生活的儿童都应该进行接种。当然，即使您的孩子不上幼儿园，该病的传染途径仍不可能完全被切断，因此，打上一针疫苗才能一劳永逸。

重视孩子的个体差异

在一般情况下，我们可以按三岁儿童的普遍身体特征对孩子进行观察、判断。除了对自己孩子做仔细的观察，家长也要同时留意一下其他小朋友的情况，然后进行比对，判断起来就更容易了。三岁儿童远远不能自如地表达出自身的身体状况，有些孩子会把所有的上半身疼痛称作"肚子痛"。那么，大家就必须认真分析，在"肚子痛"的背后，究竟隐含着哪些部位疼痛的可能？

另外，在注重普遍性的同时，大家还应该重视特殊性，即各人有别，这是十分关键的。因为在各种不同的条件下，个体特征的异常往往反映了健康欠佳的前兆。大人应该仔细分析、观察，这种特殊性究竟对健康有无损害？如果答案是肯定的，那就要采取相应措施。

俗话说"预防胜于治疗"，大人应尽早发现孩子的变化，并将变化情况即时传达给医生等专业人员。然后，医生再对变化情况进行判断、对儿童进行诊疗，从而得出结论、加以处置。由此可以看出，家长、幼儿园与医疗机关联手合作，才能最及时、有效地帮助孩子健康成长。在该流程中，留意孩子的个体差异，从中找出异常，这一点是十分重要的。它可以使孩子在患病初期就得以正确医治，加快康复时间。

增进健康的方法

儿童自出生之时起，就以惊人的速度发育。到了三岁时，他们身体普遍长大了很多，可以自如地跑步，还能讲很多日常用语。

爸妈都会希望孩子在幼儿期，可以以理想的速度持续地生长发育。然而，生长发育是有一定时间限制的，甚至如果在某个发育时期内，健康状况欠佳，很可能会使生长发育滞缓。所以说，健康堪称生长发育的基础。

很多人对"健康"的认识不足，认为"健康"就是指身体没病。其实，这是十分片面的。在实际生活中，我们会看到，有的孩子尽管没病没灾，但老气横秋，像个年迈的老头子、老太婆。这种孩子同样是不健康的。换句话说，健康包括身、心两方面的平衡发展。

要想增进三岁儿童的健康，为他们的生长发育"锦上添花"，就有必要从以下面几方面去努力：

· 留意孩子的健康状况、注意营养的摄取状况，这是每一个照料者最重要的职责之一。

· 切莫忽视对孩子健康状态的检查，定时地赴医院做健康检查是十分必要的。

· 充分理解三岁儿童的发育特征，为孩子创造一个适当的环境，让孩子自己尝试生活中的点点滴滴，从而累积经验、提高判断能力。

· 身体上的发育是儿童各方面发育的基础。与此同时，精神上的发育又影响着其身体上的发育，尤其是自主性会不断增强。很多大人会担心孩子与外界接触后会得传染病或受伤，因此小心翼翼地把他们关在家里。实际上，这是错误的。温室里的花经不起自然界的风吹雨打，同样地，整天关在家里的孩子，其适应外界的能力也十分脆弱。因此，请不要过分干涉孩子的行为，不要把孩子培养成"温室之花"。

· 要充分掌握三岁儿童的普遍性发育特征。在健康状况方面，孩子的身体并非是大人的"缩小迷你版"。在很多健康要素上，儿童与大人都有着不同的标准。

- 在身体的发育上，切记"各体有别"，同样是三岁儿童，在身体发育上有早有晚，千万不要为此大惊小怪，也不要"以偏概全"，以老套的方法去看护每个个体，或是无中生有地胡乱处置，这样对孩子的发育十分不利，甚至会引发危险，应针对个人情况做相应的看护。
- 三岁的儿童对自己迅速地发育成长的现象十分敏感，而且，很希望自己快快长大。所以，大人应该在精神上多给他们鼓励，相应地订出对策。
- 如果过分希望孩子快些发育，或过分关注孩子的健康状况，让孩子做一些不适当的运动（或运动过量），就容易产生不良后果。大人们应当记住一个永恒的真理，那就是：欲速则不达。

预防孩子"蛀牙"

很多幼儿园孩子的乳牙都长成了"蛀牙"。尤其是在三岁中，蛀牙的比例就更多了。最近一段时期以来，三岁儿童的蛀牙比例有所下降，但仍未达到人们所期望的目标。目前，很多家长开始关注孩子的蛀牙问题，幼儿园也纷纷实施预防蛀牙的对策，如鼓励孩子刷牙等。

三岁儿童患蛀牙的比例究竟有多高呢？据一份专门对三岁儿童健康情况的调查结果显示，患蛀牙的比例高达70%。另外，过幼儿园集体生活的三岁儿的比例约为60%。

为什么患蛀牙的比例会如此之高呢？原因显而易见，即对牙齿的清洁卫生工作做得不够，从而导致口腔内的细菌不断繁殖。尤其是口腔内糖分增多时，细菌就繁殖得更快，蛀牙也就容易生成。所以，人们常说，吃太多甜食，就容易得蛀牙。

那么，爸妈可以做些什么来预防宝宝蛀牙呢？

方法有二：第一，要对孩子的饮食把关（含正餐与各种点心等）；第二，要对清洁工作把关。

对于三岁儿童来说，生活的自理能力还不够，甚至必须由周围的大人们支配他们的生活。既然由大人选择孩子的食物，那么，父母或保育员就应该避免选择那些有害牙齿健康的食物，从而使孩子养成正确的饮食习惯。

另外，爸妈一定要督促宝宝维持口腔的清洁工作，并规律使用漱口水和勤于刷牙。使用漱口水有一定年龄限制。因为这件事只能由孩子自己去完成，如果孩子太小不能掌握正确方法，可能会"咕噜"一声吞下去。孩子长到两岁半时，一般就可以掌握漱口水的利用方法：在口中含一会儿、上下左右冲洗一阵，然后再吐出来。到了三岁之后，上述方法就变得简单多了。此时，大人应该让孩子使用漱口水的习惯，以保持牙齿清洁。

至于刷牙，孩子一岁时，大人就可以抓着他们的手"传授技艺"了。到了两岁之后，他们就会产生"想刷牙"的欲望，这时，就算他们的技巧很差，也没关系，更要让他们自己刷，以便养成刷牙的好习惯。一般而言，三岁的儿童尚未完全掌握刷牙的要领，总是顾前不顾后，只知道刷门牙，不知道把牙刷伸入里边刷。这时，大可不必强制孩子按大人的方式刷牙，以免挫伤他们的积极性。另外，孩子们刷牙之后，嘴里可能会残留些牙膏，这时就需要大人助一臂之力了。预防蛀牙不能光靠一把牙刷，要让孩子学习正确方法，并养成良好的卫生习惯，如此才能"治标又治本"。

孩子腹痛怎么办？

儿童到了三岁之后，在某个程度上，开始有了自己的主见。也就是从此时起，他们能够把自己疼痛等不适的状况告诉别人。这些疼痛以腹痛、下肢痛居多。我们知道，在各种传染病中，患上一次就累及一生的病也为数不少。如果孩子的腹痛、下肢疼痛等反复发作，那么，大人们往往会担心不已，到处求医。

儿童口里常说的腹痛多指肚脐周围部位的疼痛。这种现象被称为"综合脐疝痛"。尽管不排除一些因腹内内脏异常导致该处疼痛的可能，但大多数肚脐周边疼痛的原因是心理因素。常说自己腹痛的孩子中，有很多属神经质心理的类型。他们总是通过该方式来表达自我主张的实现，引起他人注意。

具体地举个例子来说明。比如，不想吃饭的时候，便告诉旁人说自己"肚子痛"，从而达到自己的目的。其实，在最初的时候，他们原本的出发点是"不想吃饭"，然而久而久之，腹痛就真的发生了。腹痛来袭时，他们往往会嚎啕大哭，令周围的大人倍生关切与同情，允许他们不再进食，这样，他们的目的就达到了。久而久之，只要自己有什么不适或想达到某一目的，便告诉大人说"肚子痛"，于是事事顺心。在儿童腹痛症状中，属于上述"智能型"腹痛的不在少数。某些神经质的儿童会弄假成真，真实地感到自己腹痛。那么，大人对此应该如何处理呢？首先，不要武断地认定其腹痛的真假性，应认真倾听孩子说的症状。然后去伪存真，悉心而又不小题大作的安慰孩子，使其消除担心、紧张、害怕的心理作用。

不过，三岁儿童处于自我主张强烈的年龄，所以可能同时还会伴随有呕吐、频尿、遗尿、遗便等症状。其中尤以呕吐现象最为普遍。俗话说，"治标不治本"，要想从根本上解决这个由心理因素引发的腹痛，就必须从心理方面着手，恰当地处理好与孩子之

间的关系，以免使孩子患上心理性的疾病。

至于下肢疼痛好发时期开始于三岁左右，终止于五岁左右。人们又称其为"成长痛"，这是因为，孩子进入三岁之后，发育开始加速，每天游玩的时间及走路的时间陡然增加了。再进一步分析，在该年龄阶段，骨骼发育加快，刺激着周围的肌肉与关节部位，如果运动稍一过量，身体便可能"力不从心"。因此，当孩子说"下肢疼痛时"，没必要大惊小怪，让他休息一两天，并适当调节运动量即可。

过于疲累会导致生病吗？

三岁的儿童在玩耍时，如果一时兴起，往往会不知节制。这时，很多家长及保育员都会担心：这样会不会使孩子过度疲惫，从而引发什么疾病呢？

其实，这些想法可以说是"杞人忧天"，完全是多余的。一般而言，孩子不会强迫自己做过分的事情。也就是说，当他们感到身体不适时，会自觉地停下来休息；当你看到他们孜孜不倦、饶有兴致的时候，大可不必担无所谓的心。

赤裸身体对健康有利吗？

"经常让孩子光着身体，对其健康颇有好处。""要想身体好，光着身子是诀窍。"这些是许多妈妈的经验之谈。至于其中的奥秘，则主要是因为"充分与阳光空气接触，可以增强抵抗力，促进身体健康发育"。这种说法是否具有科学依据呢？

日本有一种著名的"裸体教育法"，即让孩子们赤身裸体地在寒风中又跑又跳。该做法似乎已被人们所认可。"裸体教育法"实际上具有一定的地域性。比如说，在位于日本最南端的九州某幼儿园里，即使是在冬季，也有很多孩子光着身子。但这种"赤

身法"并非是受到强制的结果，而是天气炎热自然导致的。也就是说，在炎热的地区，孩子们自然而然会光着身子生活。当适应了这种生活之后，尽管天气逐渐转凉，他们也讨厌穿衣服。因此，无论大人还是小孩，也就对光着身子习以为常了。以上例子提醒父母，千万不要盲目跟从各种所谓的"先进教育法"。如果孩子体质较差，让他在凛冽的寒风中活动，得到的唯一后果大概只会是患上重感冒。

因此，关于"赤裸身体是否有利于孩子的健康"这个问题，并不能简单地回答以"是"或"不是"，我们有必要从时间、场所、游戏的种类和内容，以及孩子的性格等诸多方面进行详细的分析。

时间方面，在炎热的夏季，不用大人操心，孩子自己就会要求脱掉衣服。值得注意的是，在寒冷或天气较凉的时候，如果硬要孩子光着身体运动或玩耍，是绝对不会对健康带来任何正面影响的，究其原因，主要是光着身体时，体力消耗比平时更快，更易患病，也容易疲倦。这一特征在三岁以及三岁以下儿童中尤其明显。

而孩子是否可以裸身，除了视季节而定，也要视场所而定。比如，孩子在戏水、玩泥巴时，常常喜欢光着身子，这是因为，裸体更让他们放开手脚。然而，在许多场合，光着身子是不适合的，甚至是危险的，比如在树林、草丛中"探险"的时候。

另外，有许多爸妈认为，与穿着衣服相比，赤裸着身子做运动会更加自由、不受限制。其实，这是不完全正确的。在很多时候，穿衣服运动对孩子更加有益。比如，在地面上打滚、游戏；从光滑的斜面上向下滑等。在裸体的情况下，做上述游戏是非常危险的，这一点不言而喻。

此外，最重要的还是孩子的意愿。每个儿童都

有自己独特的个性。有的孩子稍微一热，就立即把自己脱得精光；而有的孩子，一旦被脱掉衣服，便马上嚎啕大哭。也就是说，孩子们看待裸体有着相当大的差异。如果无视上述差异，强硬地进行"裸体式教育"，是会影响到孩子的发育的。

综上所述，对于三岁儿童，判断究竟应不应该裸体活动，应该遵循下面三点原则：第一，请不要单纯地对"裸体好"或"裸体不好"进行二选一地选择；第二，要本着"促使孩子自如活动、增进健康"的目的，给孩子选择合适的服装（也包括裸体）；第三，只有当孩子自愿时，才能进行"裸体式教育"。如果硬是"赶鸭子上架"，将对孩子的身心发育产生不良影响。

⬆ "裸体式教育"对孩子的影响。

宝宝的教养

接下来我们将着重在宝宝的生活习惯以及自立能力的训练上，告诉爸妈三岁宝宝教养及训练的要点。

生活习惯的培养

1.生活概貌

让我们来认识一下三岁儿童的生活。孩子们每天生活的同时，也在为将来的社会生活做准备。有句俗话说"三岁看老"，意思就是说，人在三岁时的生活体验会影响人的一生。既然如此重要，大人们在看护他们时，就必须多费点心了。尤其是三岁的孩子，他们基本上可以听懂大人的日常对话，在情绪上也趋于稳定，能了解大人的感情世界，与大人同喜同悲。

因此，孩子在三岁时究竟过得怎么样，开不开心，在很大程度上取决于父母，而且还会直接或间接地影响孩子的将来，因此这个阶段的确很重要。

孩子进入三岁之后，大人们（尤其是家长们）在看护方面出现了以下两种截然不同的意见：一种认为，孩子已经可以自理生活了，即使不去教，他们也可以自行应付；另一种则认为，孩子尚小，什么都不懂，应该像对婴儿一样照顾他们。

上述两种做法都太过极端。那么，正确的做法是什么呢？在具体做法上，大人首先要听取、关心孩子的意见与心理状况，并充分地加以尊重，在此基础上，帮孩子组织一种适合孩子发展的生活模式。要注意的一点是，大人不应该有"你必须听我的"、"必须照我的去做"等强硬态度。

三岁是孩子扩展生活圈的初期，是孩子开始从父母的护翼下放眼周围世界的开端。他们迈出了进入社会生活的第一步。为了让孩子们顺利地交到朋友、向未知的世界探险，大人们有必要加以配合，该放手时就放手。但同时，他们接触危险场合的机会也会随着增多，使得大人们往往会加以限制，不让他们体验生活。正确的做法是，尽量让孩子参加日常生活中的活动，比如大人去买东西、扫地时，就可以让孩子一同参与，这样可以让孩子累积生活经验。总之，多动脑筋，为孩子多创造接触生活的机会，这是每个大人应尽的责任。

2.生活规律的调整

从生活规律上来说，三岁儿童比两岁儿童变得更没有规律了。比如，对于三岁儿童而言，午睡已经不那么重要了，有时孩子午睡时间延迟，结果错过了晚饭时间，甚至到了深夜才醒，那么，后半夜就很难再入睡。这种没有生活规律的现象在三岁儿童中会时有发生。

从午睡的习惯来看，个体差异非常大。有的孩子到了三岁，就不需要午睡；有的孩子则要到五岁才改掉午睡习惯。另外，年龄不同的孩子，其午睡习惯也不同。再者，根据每天的状况，比如"今天想和大人一同起床"、"今天不想睡"等等，都直接影响到孩子的午睡情况。有的母亲不管三七二十一，硬把孩子按到床上让其午睡，这往往适得其反，使得孩子大吵大闹，不肯入睡。

孩子们的生活节奏因人而异，不能一概而论。比如刚刚做过剧烈活动的孩子，他们已十分疲惫，需要充分的休息；而有些容易兴奋的孩子，大脑神经绷得紧紧的，让他们睡也睡不着。这时，大人应该在认真分析的基础上，通过2～3天的调节，使孩子的生活趋于规律化。

气候、天气也可能使生活规律发生变化。比如，天气炎热时，孩子们在幼儿园里睡觉的时间比较长。那么，回到家里之后，家人就应该根据午睡时间的长短，来安排孩子夜晚入睡的时间。总之，在确认孩子有充足睡眠时间的前提下，大可不必具体限制其"必须几点睡觉"。另外，如果想让孩子晚上多睡，不妨在白天时让孩子多活动一下，减少其睡眠的时间。

3.培养良好的生活习惯

儿童到了三岁之后，排便情况基本形成规律：每天一次，而且时间比较固定。如果没什么特殊情况，大多数儿童是在午餐后不久排便。

不过，从群体生活方面来看，尤其是三岁儿童在幼儿园里，午餐后的一段时间往往是大家一起游戏，然后集体午休。那么，在此时排便的话，显然妨碍孩子正常、开心的活动。因此，大人不妨通过调节，让孩子养成早餐后排便的习惯。

要想对孩子排便习惯进行调节，家长必须考虑孩子的起床时间、起床后活动量等因素。在生活规律方面，三岁的孩子就如同一张白纸，你可以轻易地描画。大家应在考虑周全的基础上（当然，尽量不要与大人的日常生活有冲突），帮助孩子迎向一个又一个

明媚的早晨。除了少数特别喜欢赖床的之外，大多数三岁儿童都能够早早地睁开眼睛，与大人一同起床，共同享受生活的乐趣。

4.教孩子，慢慢来

有关生活习惯方面的问题，经常是引发儿童与大人矛盾的"导火线"。因为很多的爸妈表面上说是"为了孩子"，其实认真考虑一下，受益的往往是大人。比如，让孩子把脏衣服脱掉，换上干净的；或是让孩子穿戴整齐后，出去会客。大人会从中得到快乐和满足，孩子本人却可能不以为然。如果孩子表现得很有修养，受赞扬的往往是家长或保育员，会说他们"教导有方"。因此，很多大人在不知不觉中产生了种种焦虑，恨不得一股脑地把所有知识通通传授给孩子。

这种"望子成龙、望女成凤"的心态是可以理解的，但大人也必须懂得"人算不如天算"的道理，每个孩子的情况不同，在生活习惯及修养的学习方面，也存在着明显的个体差异。比如，同样做一件事，年龄有差别的两个孩子，做法及完成效果会有很大不同。另外，同样是穿着外套，样式不同，孩子的穿脱速度也不一样。

另外，并不能说孩子曾经顺利地穿脱过一次衣服就表示其"已经具备该方面的能力"。孩子的学习具有反复性，就算他们在某方面成功过，但一段时期内还是会不断地经历失败，最后才能定格，成为孩子自身具备的能力之一。

5.穿脱衣服

有个做护士的母亲曾诉苦："我的大儿子在幼儿园的三岁班。最近不知道为什么，每天早上让他自

己穿衣服时，他明明会穿，却磨磨蹭蹭地不想穿。该怎么办才好呢？"那个母亲还说："在幼儿园里的阿姨也总是要求他们'必须自己穿衣服'。"

这位母亲的做法存在着一定的误解，说句不好听的话，她的教育方法只能算是一种纯动物式的调教。孩子独立地穿衣服这件事，不仅仅是个能力问题，还有心理层面的因素。对于孩子来说，幼儿园里度过的时光可能十分美好，但每天早晨离开自己最信赖的家、最能撒娇的妈妈，其心里难免会依依不舍，因此，渴望通过妈妈帮忙穿衣服这件事，使自己的心理得到安慰。也就是说，与生理上的需求不同，孩子们渴望的是心理上的满足。

在这种时候，父母应该帮孩子穿衣。穿衣过程，也是亲子之间交流感情的时刻，具有非常重要的意义。而且，在一般情况下，它并不会妨碍孩子自立能力的发展。

在修养的培养方面，大人必须根据时间和场合进行灵活的调整。有些人可能会反驳说：教育孩子应该有连贯性，怎能时断时续呢？实际上，连贯性虽说很重要，但它必须建立在孩子自愿的基础上，千万别扼杀了孩子的天性。

让孩子做最后一步

帮孩子穿衣时，最后一个钮扣、或是帽子（总归就是最后一个步骤）不妨让孩子自己完成。然后，用高兴的语气说："好了！"这样，孩子也会产生"自力更生"的感受，双方都皆大欢喜。

6.排泄问题

三岁儿童可以说是"麻雀虽小，五脏俱全"，孩子虽小，但其心理上的细微变化肯定会让大人吃惊不已！

比如，家里的马桶是坐式，而幼儿园里的是蹲式；家里的厕所是男女共用，而幼儿园里的是男女分开。上述这些排便设施上的差异，会对孩子的排便心里造成一定影响。孩子为了适应这些差异，通常需要花费一定的时间。

再者，在家里排便时，门可以大开；而在幼儿园里门要关上才行。尽管孩子对幼儿园的这些差异有所不满，或不习惯，但也不得不"逆来顺受"，默默地忍受。有的孩子会因为适应不了，而一直憋着不去排便，到了下午一看到妈妈来接自己，就觉得又高兴又委屈，不知不觉就拉了一裤子。

有个小男孩进幼儿园大约两周后，每次接孩子回家的途中，孩子都说"想便便"，而且常常拉在裤子里。母亲觉得奇怪，问他理由，他的回答是"我在幼儿园里对阿姨讲'要上厕所'时，她要我把内裤全部脱掉。我觉得不好意思，所以就不去厕所。"原来，有的小朋友在家里排便时，都是把内裤全部脱掉，在幼儿园里，就不以为怪。而这个小男孩在家里没有这种习惯，所以认为"难为情"而拒绝排便。母亲了解情况后，跟幼儿园老师说明了一番，又告诉孩子"不脱也可以"，从此之后，孩子就可以在幼儿园里顺利排便了。

从上述例子中我们不难发现，在保育方面，大人有必要针对每个孩子的特点而"因人施教"。此外，家长要多与幼儿园的老师相互沟通，这一点也十分重要。

在很多育儿书上都写着：孩子到了三岁之后，排便基本形成规律，再也不需要尿布、尿裤等用品了。实际上是否真的如此呢？

一般而言，上面的说法没什么不对。但是，此时的孩子，会经常出现排便上的异常，这主要与下列因素有关：环境的变化、气温、身体状况等。此外，心理因素方面的影响也不容忽视。

有一个三岁大的小女孩，每周都会尿床一至两次，母亲为此十分不安。不过，这是孩子发育过程中极其正常的事情，没什么大不了的，做母亲的千万不要过分焦虑。如果过分显露负面情绪，会让孩子发现，并且产生自责的反应，对其身心都会产生不好的影响。

7.幼儿园与家庭的合作

孩子们刚上幼儿园时，最初难免会感到紧张、不适应。尤其是年龄稍小的孩子，适应能力会更差一些，面对着陌生的阿姨和小朋友时，心中难免惶恐不安。再者，现代社会中独生子女的数量增加，他们在家里没有与兄弟姐妹相处的机会，自然就没什么经验。到了幼儿园之后，不仅很难结交小朋友，而且还常会与小朋友吵架拌嘴。还有一类小朋友，擅长扮演双重角色，在幼儿园里是个"受气包"，沉默寡言；而在父母面前，不亚于凶神恶煞，四处作威作福。

由于上述诸多情况的存在，幼儿园与家庭双方应该经常沟通、互通有无，以便全面地了解每个孩子，从而正确地对孩子进行教育。

能力的训练

这一时期是对孩子自立能力的初步训练阶段。培养孩子自立，需要家长从多方面努力。掌握了关键原则之后，将使孩子的自立程度提高，速度加快。

其中一个最重要的原则是：要让孩子感受到尊重。比如，收拾玩具时，有很多家长会采用下面的命令句："快点收拾，这些都是你的玩具。不收拾的话，就不许吃饭！"这种指示性的、带附加条件的说法使得孩子们不得不屈服父母而去把玩具收拾好。但他们是处在被动的立场上，心情很不愉快。久而久之，他们就会把"收拾东西"列为"不想做的事情"之一。

让孩子收拾东西时，也要讲究方法。你不妨采取下面的说法："这辆汽车，放在哪里最合适呢？"大人应在一旁采取引导式发问，然后，按照孩子的回答，与他一同收拾。收拾好之后，开心地告诉孩子："哇！全都收拾好了，你看，多整齐。"这样一来，孩子也会非常满意，因为大人听从了自己的安排，日后就会自觉地选择地方，把各种玩具归类并整理好。

⬆ 培养孩子的自立能力。